LA
COLONIZACIÓN
DEL ESPACIO

El camino de la humanidad
hacia la conquista espacial

David Mauricio Guerrero Vélez

Cara visible (izquierda) y cara oculta de la Luna (derecha). Crédito: Nasa

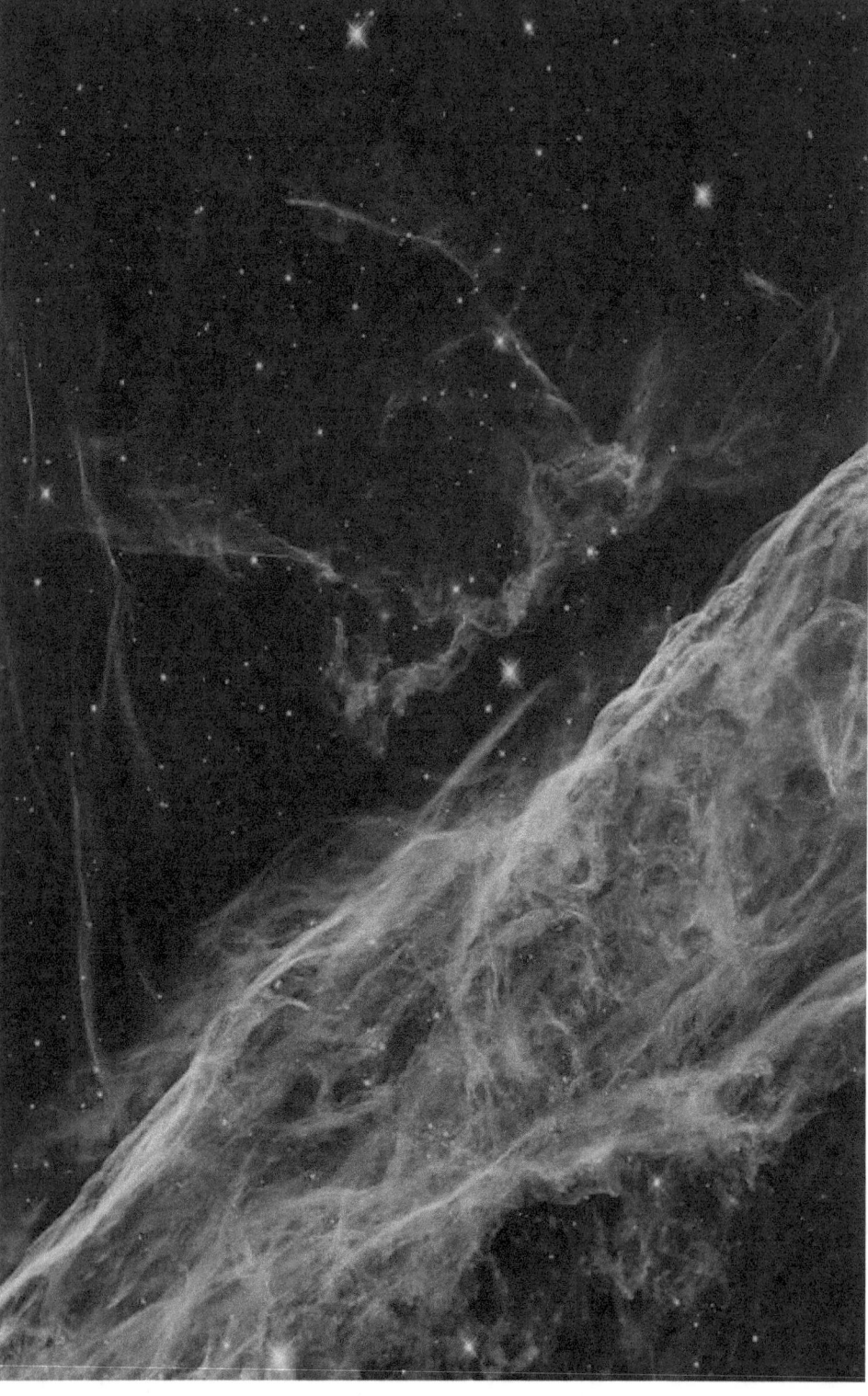

La Colonización del Espacio

*El Camino de la Humanidad hacia la
Conquista Espacial*

David Mauricio Guerrero Vélez

"Si la especie humana espera sobrevivir otro millón de años, tendremos que ir audazmente a donde nadie ha ido antes",
Stephen Hawking

La Colonización del Espacio

*El Camino de la Humanidad hacia la
Conquista Espacial*

Marte. Crédito: Nasa/Esa

Autor: David Mauricio Guerrero Vélez, 2022
Edición y colaboración: Kathleen Jances B.,
Manuel Escolano Amorós.
Email: coleccionsmart@gmail.com
Primera edición

©Sm@rt Publishing S.L., 2022,
1ª edición
David Mauricio Guerrero V.
Portada: Alejandro Marín Vélez
Copyright © 2022 por Sm@rt.
Todos los derechos reservados
Ministerio del Interior
Dirección Nacional de Derecho de Autor
Certificado Registro Obra Literaria Inédita: 10-1047-152
Imagen de portada: Crédito SpaceX.

Agradecimientos

Quisiera agradecer a Kathleen Jances, quien siempre ha estado ahí para apoyarme y darme una mano cuando lo he necesitado.

También a Monica Witt, del departamento de prensa de la Nasa, quien muy amablemente me envió información indispensable sobre el programa espacial Artemisa para la realización de este libro.

Quiero agradecer a la Universidad Internacional de Valencia, donde comencé este libro como Trabajo Fin de Máster (TFM). A mis profesoras y profesores de máster, mis queridos compañeros, todos ellos generosísimos, aportando sus valiosos conocimientos para que comuniquemos ciencia de la mejor forma posible. También a mi directora de TFM, Dra. Amparo Suay Madrid.

Agradecimiento especial a mi primo Alejandro Marín, diseñador gráfico increíble y responsable de los diseños de portadas de todos mis libros y publicaciones.

Por último, a los niños y jóvenes que dedicarán sus vidas y su talento a solucionar los grandes problemas de la humanidad, en este caso, los retos de la colonización espacial. Para ellos es este libro.

Crédito imagen: Nasa, telescopio espacial Hubble

La Colonización Espacial

Contenido

Fotografía del lanzamiento de Artemisa I, noviembre 16- 2022, que muestra uno de los propulsores del SLS poco después de la ignición. Crédito: NASA/Chris Coleman, Kevin Davis

Prólogo

El 1 de agosto de 2022, el secretario general de las Naciones Unidas Antonio Guterres, durante una conferencia con los países miembros del Tratado de No Proliferación Nuclear (TNP)[1], declaraba:

"El mundo está a un error de cálculo de la aniquilación nuclear; hasta ahora hemos tenido una suerte extraordinaria".

Refiriéndose a los conflictos de Rusia con Ucrania, que involucra a casi toda Europa por cuenta de la OTAN, la escalada de tensiones en Corea del Norte, India, Pakistán, Israel e Irán, así como la creciente tensión entre Estados Unidos y China por Taiwán.

Esta es sola una de las razones que debemos tener en cuenta para acelerar la conquista espacial. Los riesgos para la vida en la Tierra se han incrementado con las graves tensiones internacionales y no existe un mecanismo global, eficaz, que permita disminuir estas tensiones.

En cuanto al cambio climático, una vez más el verano de 2022 ha sido el más cálido desde que existen los registros. Ha habido incendios y olas de calor mortíferas en muchísimos países del mundo, así como inundaciones y

---

[1] *"El mundo está a un error de cálculo de la aniquilación nuclear", advierte el secretario general de la ONU - BBC News Mundo, BBC News Mundo, bbc.com/mundo/noticias-internacional-62387299*

emergencias por exceso de lluvias en otros. Millones de personas sufren los rigores del cambio climático.

No hay soluciones a la vista, y los seres humanos no logramos ponernos de acuerdo en cuestiones elementales, tan lógicas, como protegernos a nosotros mismos como especie, o al planeta donde habitamos. Los intereses particulares continúan estando por encima de los generales (en este caso, los de toda la humanidad).

Independientemente de la necesidad y obligación de buscar solucionar los problemas en nuestro planeta, es imperativo seguir buscando alternativas para la supervivencia a largo plazo de nuestra especie. De eso se trata en este libro, de la colonización espacial de la Luna (como lugar de pruebas), y luego de Marte para intentar evitar nuestra extinción.

El futuro de la vida, y del ser humano en el planeta Tierra es cierto: eventualmente nos vamos a extinguir. Ya sea a corto o mediano plazo, producto de una extinción masiva debido al cambio climático, una guerra nuclear a escala global, o a largo plazo, por un cambio en las condiciones termonucleares del Sol u otro evento natural fuera de nuestro control.

Conocemos con certeza 5 extinciones masivas a través de la historia de nuestro planeta[2]. Eventualmente nuestra

---

[2] *Biodiversidad Mexicana (2020). "Extinciones masivas", www.biodiversidad.gob.mx/biodiversidad/extinciones*

estrella local pasará de ser una enana amarilla a una gigante roja en los próximos 5.400 millones de años aproximadamente y absorberá a Mercurio, a Venus y, probablemente, a la Tierra[3]. Los océanos se evaporarán y la vida dejará de existir en este planeta.

Lo sabemos porque la ciencia lo ha confirmado y de ahí surge nuestra responsabilidad de comunicar los planes de exploración extraterrestre sobre los que las agencias espaciales de varios países están trabajando. Si esperamos sobrevivir en este maravilloso universo, necesitamos pensar en planes alternativos y actuar.

Aunque parezca sombrío, simplemente es un cálculo de probabilidades de que uno de estos escenarios, o varios, se produzcan con el tiempo. Los recientes acontecimientos, la crisis global, lo confirman; debemos prepararnos.

A su vez, es responsabilidad de los comunicadores de la ciencia, ayudar a educar a nuestra sociedad sobre estos grandes proyectos, porque requerimos toda la ayuda posible de la próxima generación de científicos y emprendedores. En nuestros niños y jóvenes está la llave del futuro de la humanidad.

---

[3] *Marcos, Laura (2020). "El futuro de nuestro sistema solar". Muy interesante España., www.muyinteresante.es/ciencia/articulo/el-futuro-del-sistema-solar*

Estrella gigante roja. Crédito: Deviantart.com/paulinemoss

Debemos encontrar otros mundos y planetas para asentarnos a largo plazo, priorizar la exploración espacial y la colonización, primero de la Luna, que es la mejor opción como lugar de pruebas, y, posteriormente, de Marte. El futuro dirá hasta dónde llegaremos.

Este libro busca dar a conocer los componentes más importantes de los proyectos de colonización interplanetaria, comenzando por el Programa Espacial Artemisa de la NASA, que planea llevar la primera mujer a la Luna para el año 2024 y ayudarnos a probar nuestra tecnología espacial.

Es cierto que, para explorar y colonizar el espacio, hay que invertir muchos recursos que se podrían utilizar para mejorar las condiciones de vida de millones de personas que sufren en la Tierra, recursos que bien invertidos podrían aliviar, por ejemplo, el cambio climático, y así al menos, reducir la probabilidad de una extinción masiva por ese motivo. Sin embargo, nadie garantiza que, incluso con los recursos disponibles, los utilicemos adecuadamente. Por lo tanto, debemos ver más allá.

Más aún, cuando casi no existe literatura científica de esta índole en español. Nuestros niños y jóvenes viven sus días pensando en los problemas terrenales de sus países, cuando podríamos inspirarlos en mirar hacia arriba, hacia las estrellas y ayudar a solucionar los retos de esta increíble aventura del ser humano.

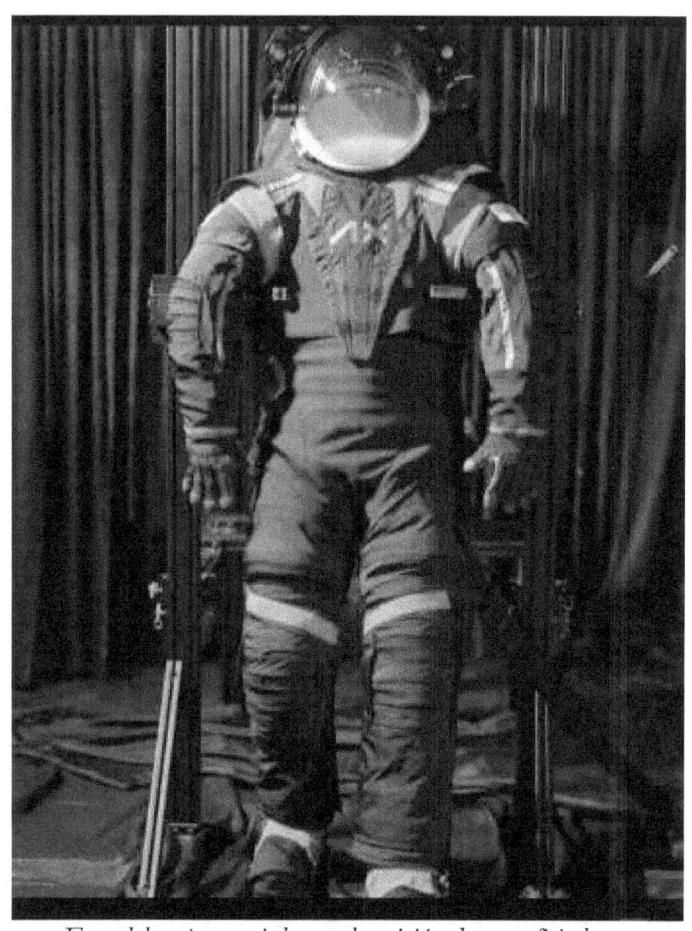

Foto del traje espacial para la misión de superficie lunar
Artemisa III de la NASA. Marzo 15 – 2023. Crédito: Nasa

LIBRO I: LA COLONIZACIÓN DE LA LUNA

1. Antecedentes Históricos
1.1. La Carrera Espacial y el Programa Apolo

Al final de la segunda guerra mundial, cuando era un hecho que Alemania la perdería, comenzó una gran competencia por la supremacía ideológica, económica y tecnológica en el siglo XX.

Las dos superpotencias del momento, la Unión Soviética y los Estados Unidos, se embarcaron en una carrera contrarreloj para reclutar a los mejores científicos alemanes, entre ellos el célebre Wernher Von Braun, diseñador del Cohete Saturno V, que llevaría a los primeros seres humanos a la Luna,

Wernher Von Braun. Crédito: Nasa

No importaba que sus creaciones hubieran segado la vida de miles de personas, valía su conocimiento, su experiencia.

Ningún otro país del mundo había alcanzado el desarrollo tecnológico de los alemanes, quienes, en su desespero por revertir el desenlace de la guerra, consiguieron crear el primer avión a reacción, el Messerschmitt 262 y los primeros misiles balísticos, los tristemente célebres V1 y V2[4], con los cuales los Nazis bombardearon sin piedad las ciudades de Londres y Amberes; y aunque no lograron su cometido militar, sí consiguieron influir e impulsar el desarrollo tecnológico de la posguerra.

Messerschmitt 262, el primer avión de combate a reacción en el mundo.
Crédito: ABC.es

---

[4] *Zaloga, Steve & Calow, Robert (2003). V-2 ballistic missile 1942-52. Early German rocket development, p. 3.*

Misil V2 en el Museo del Aire y el Espacio en Washington DC. Crédito: David M. Guerrero

En 1957, la Unión Soviética sorprende al mundo con el Sputnik 1, el primer satélite artificial de la historia; en enero de 1959, la pequeña sonda espacial Luna 1, también de la URSS, consigue orbitar por primera vez a la Luna[5]; en ese mismo año la sonda espacial Luna 2 se convierte en el primer objeto humano en aterrizar en nuestro satélite natural.

Occidente observaba con estupefacción cómo los soviéticos dominaban el espacio exterior. En 1961, el Cosmonauta Yuri Alekséyevich Gagarin se convertía en el primer ser humano en viajar al espacio.

---

[5] *NASA History Division (2021). "History – Sputnik", History.nasa.gov, history.nasa.gov/sputnik.html*

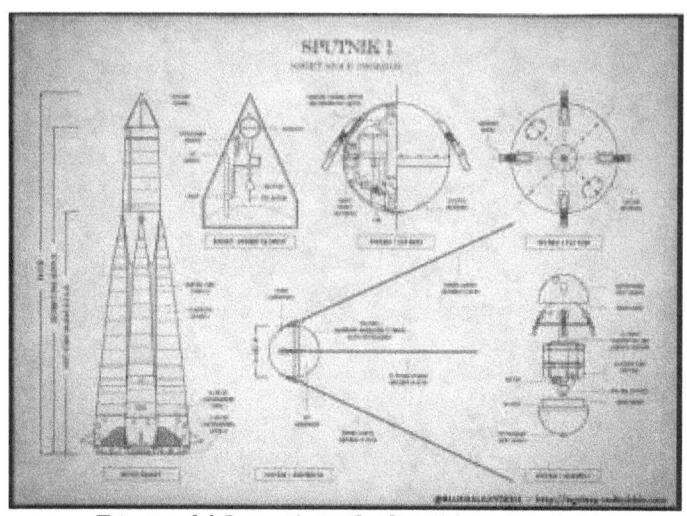

Diseños del Sputnik 1. Crédito: Bluegalaxydesi1

Estos hitos, en el marco de la guerra fría, obligaron a Estados Unidos a responder con el programa científico y tecnológico más ambicioso y costoso de la historia hasta ese momento: en 1961, el presidente John F. Kennedy anunció al mundo que su país llevaría al hombre a la Luna antes de que terminara la década; así nació el Programa Espacial Apolo[6].

---

[6] *JFK Library. "Space Program". www.jfklibrary.org/learn/about-jfk/jfk-in-history/space-program*

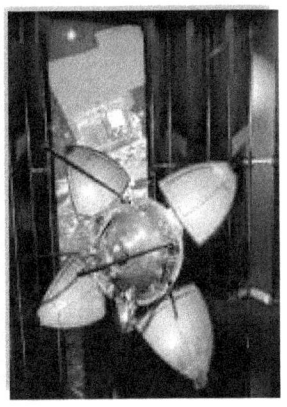

Sonda espacial soviética de la carrera espacial. Museo de la Cosmonáutica, Moscú. Crédito: David M. Guerrero.

Yuri Gagarin, el primer ser humano en viajar al espacio exterior. Crédito Roscosmos.

8 años después, el 16 de julio de 1969, los astronautas Neil Armstrong, Buzz Aldrin y Michael Collins despegaban hacia la Luna en el poderoso cohete Saturno V (diseñado por Von Braun), y el 21 de Julio, el célebre Neil Armstrong descendió del módulo lunar, en el *Mare Tranquillitatis,* para convertirse en el primer ser humano en pisar la Luna y pronunciar su famosa frase: ***"Un pequeño paso para el Hombre, pero un gran salto para la Humanidad"***[7].

---

7 *Velasco, Elsa (2019). ""Es un pequeño paso para el hombre; un gran salto para la humanidad". La Vanguardia, www.lavanguardia.com/ciencia/fisica-*

Cápsula en la que
reingresaron a la tierra Neil
Armstrong, Buzz Aldrin y
Michael Collins, astronautas
del Apolo 11. Crédito:
David M. Guerrero.

Astronautas Neil Armstrong,
Buzz Aldrin y Michael
Collins del Apolo 11. Crédito:
NASA Human Space Flight
Gallery

Este fue el ambiente de competencia en el que se desarrolló la carrera espacial. Sin embargo, los costos de estas hazañas serían muy altos, tanto para los Estados Unidos como para la Unión Soviética.

El valor total del programa Espacial Apolo para llevar el primer hombre a la Luna se estimó en $288.000 millones de dólares traídos a valor presente[8], y en él trabajaron más de 400.000 personas. Tal cantidad de recursos obligó

---

espacio/20190720/463578398620/llegada-hombre-luna-aterrizaje-armstrong-20-julio.html

[8] Dreier, Casey (2019). "Reconstructing the Cost of the One Giant Leap". The Planetary Society, www.planetary.org/articles/reconstructing-the-price-of-apollo

a que se buscaran alternativas económicas para reutilizar alguna parte de los elementos implicados en los viajes al espacio. De esta forma nació el Sistema de Transporte Espacial (STE) en 1981.

1.2. Programa de Transbordadores Espaciales (STE)

Este programa de la Nasa (1981 – 2011) estimaba que se realizarían viajes semanales al espacio con un costo aproximado de USD 20 millones de dólares cada uno.

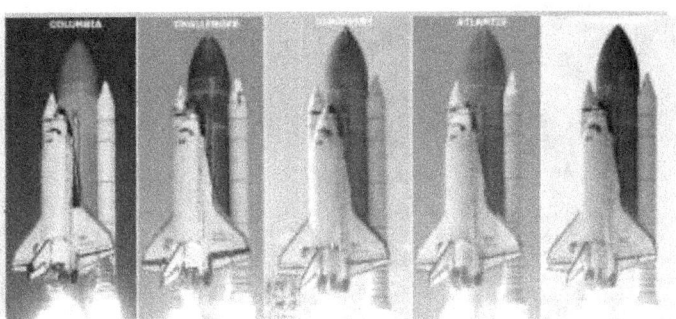

Lanzamientos de los transbordadores espaciales Columbia, Challenger, Discovery, Atlantis, Endeavour. Crédito: NASA

Cada transbordador estaba diseñado para durar cerca de 100 misiones espaciales, lo que significaba una reducción de costos altísima para cada misión respecto al programa

Apolo. El STE era en parte reutilizable y de ahí su efectividad y larga duración.

El programa realizó 135 misiones en total (lejos de la estimación inicial) y aunque parte de sus objetivos científicos y tecnológicos se cumplieron (construir el módulo estadounidense de la Estación Espacial Internacional, y el lanzamiento y reparación del Telescopio Espacial Hubble), sus costos tampoco lograron ser sostenibles en el tiempo.

Astronautas en el Transbordador Atlantis durante una sesión de reparación del Telescopio Espacial Hubble. Fuente: NASA.

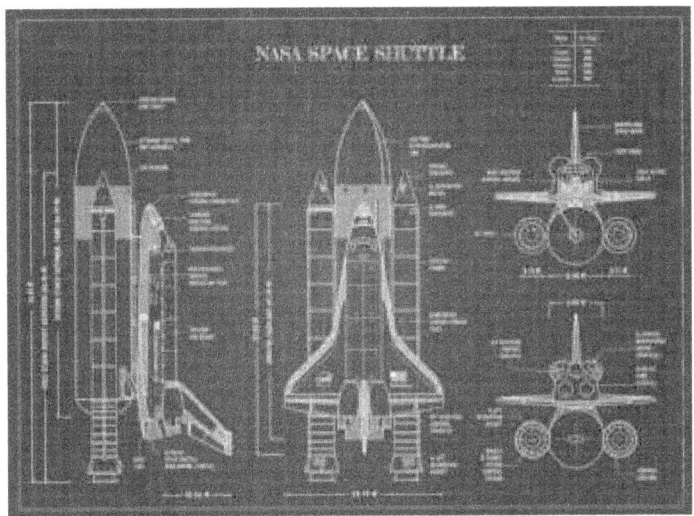

Blueprints del transbordador espacial. Crédito: Nasa

Se estima que el valor total del programa STE fue de USD209 mil millones de dólares ajustados a 2010[9], lo que significa que cada vuelo tuvo un costo aproximado de USD1.600 millones de dólares, muy lejos de los USD20 millones por vuelo estimados inicialmente, que sumados a las tragedias del Challenger y el Columbia, terminaron por hacer insostenible el programa.

---

[9] *Wall, Mike (2001). "NASA's Shuttle Program Cost $209 Billion - Was it Worth It?" SpaceNews. spacenews.com/nasas-shuttle-program-cost-209-billion-was-it-worth-it/*

1.3. Programa de Tripulación Comercial (PTC)

En 2011, se anunció una revolución espacial. Se creó el *CCP, Commercial Crew Program* (PTC, Programa de Tripulación Comercial).

El PTC pretende financiar con fondos públicos proyectos privados para cumplir los objetivos propuestos en el programa espacial estadounidense, si bien aprovechando la capacidad de innovación y eficiencia del sector privado, aunque siempre supervisados y trabajando de la mano con la NASA.

El objetivo es lograr acceso seguro, confiable y rentable al espacio[10].

Esta es la llave de la colonización de la Luna y Marte, la reutilización. Elon Musk[11]suele argumentar

---

[10] *NASA. "Commercial Crew Program – Essentials".*
www.nasa.gov/content/commercial-crew-program-the-essentials#.VjOJ3berRaT
[11] *Elon Musk, dueño de SpaceX y uno de los principales promotores de la colonización espacial*

que sucede lo mismo con los aviones comerciales: millones de personas no podrían viajar en avión si estos no pudieran ser reutilizados; sencillamente, el costo de cada viaje sería demasiado alto.

La reutilización permite abaratar el valor de cada viaje. En este momento, la empresa privada SpaceX, con apoyo financiero de la Nasa ha logrado reutilizar el cohete Falcon 9 más de 10 veces en diferentes misiones.

Falcon 9 aterrizando. Crédito: SpaceX.

También recibieron en 2021 un contrato para ser la primera empresa privada en llevar astronautas a la Luna para 2024 como parte del programa Espacial Artemisa.

2. La Luna

Detalle de la Luna. Crédito: David M. Guerrero

La hermosa y aclamada Luna, del latín Luna, contracción de Lucina "iluminar"[12].

Nuestro único satélite natural, la Luna, adorada por antiguas civilizaciones, estudiada por innumerables naves espaciales desde los años 50, y finalmente visitada por el

---

[12] *Soca, Ricardo (2007). "Luna". El castellano.org. Recuperado de https://www.elcastellano.org/palabra/luna*

ser humano en 1969, es nuestra compañera inseparable de todas las noches. El lugar ideal para comenzar nuestra aventura de la colonización espacial.

2.1. ¿Qué es la Luna?

La Luna es un cuerpo celeste rocoso, formado hace cerca de 4.500 millones de años a partir del choque de un cuerpo del tamaño de Marte con la Tierra.

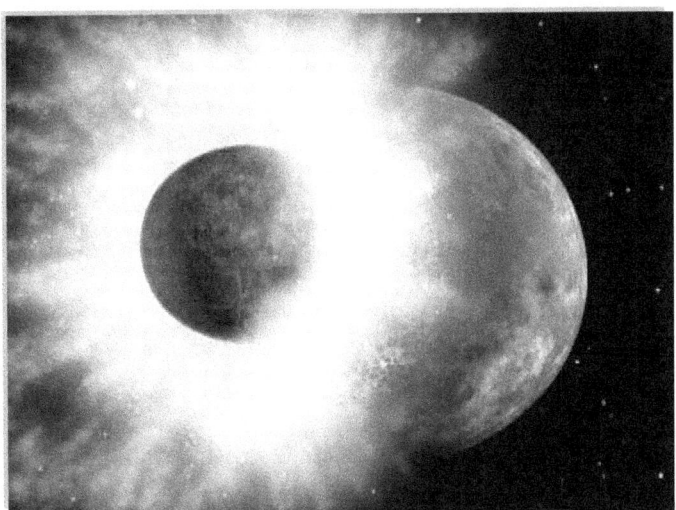

Ilustración de la colisión entre un objeto del tamaño de Marte y la ProtoTierra. Crédito: ScifiNews.

De los restos de esa gran colisión, surgió nuestro satélite natural. Esta es la teoría más aceptada por la comunidad científica, ya que su composición es similar a la de la Tierra[13]. Esto lo sabemos por las muestras físicas recogidas y traídas por la tripulación del Apolo 16 en 1972.

El astronauta del Apolo 17 Jack Schmitt parado en la superficie de la luna mientras sostiene un rastrillo lleno de muestras de rocas, con el Rover en la distancia.
Crédito: Time Life Pictures / Getty Images

La atmósfera lunar es muy tenue; es por eso que podemos observar a simple vista los antiguos impactos de meteoritos y asteroides en su superficie, y esta es una de las claves para su colonización.

Esa poca atmósfera permite que naves espaciales puedan despegar de su superficie con (relativamente) poca

---

[13] *GeoEnciclopedia (2015). "Luna - Información y Características" Geoenciclopedia.com. www.geoenciclopedia.com/luna/*

energía, a diferencia de la que se necesita para salir de la atmósfera terrestre.

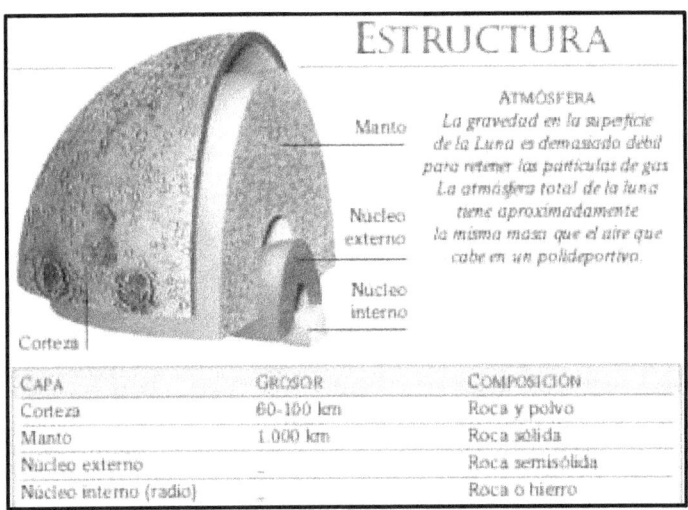

Estructura Lunar.
Crédito: Samuel González. Sistema Solar, Pinterest.

Su gravedad también es mucho menor en comparación con la de la Tierra, aproximadamente 1/6, pero es suficiente para proporcionar algún tipo de soporte para los astronautas que la visiten a partir de 2024.

Durante mucho tiempo creímos que la Luna era sólo rocas y polvo, pero cuando los astronautas del Apolo trajeron muestras físicas a la tierra y las pudimos analizar, encontramos cosas fascinantes.

En cuanto a recursos, hemos encontrado depósitos de hielo de agua, lo que implica la existencia de oxígeno, que puede funcionar como combustible para las naves espaciales.

También sabemos que contiene hidrógeno, silicio, manganeso y aluminio. Todos muy útiles para establecer una base lunar funcional[14].

Sin embargo, para poder saber realmente qué hay en su superficie y debajo de ella, debemos ir a explorar, excavar y analizar los elementos químicos que encontremos. Solo así podremos estar seguros de la verdadera composición lunar.

La Luna tiene una historia geológica riquísima; durante sus cerca de 4.500 millones de años de vida hubo un tiempo en que su superficie eran océanos de lava.

Así que los materiales y minerales pesados terminaron creando el núcleo, mientras que los minerales más livianos fueron quedando en su superficie, que es el regolito lunar: 5 a 10 metros de polvo y rocas.

---

[14] *Martínez, García & López (1998). "Materias primas de la Luna para emprender la colonización espacial". Martínez Juan, García Javier & López Fernando El País,*
elpais.com/diario/1998/01/14/sociedad/884732416_850215.html

El hielo existente en la Luna[15], creemos que provino de diversas formas: cometas, asteroides y meteoritos que llevaron agua a su superficie, y el bombardeo constante de polvo solar[16].

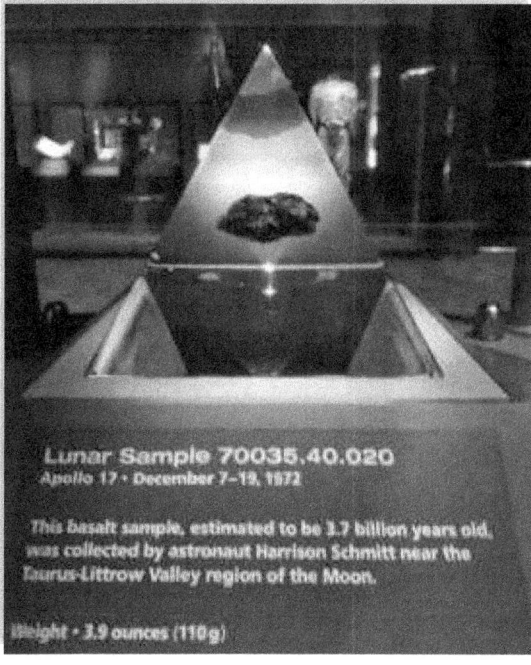

Muestra de roca Lunar en el Kennedy Space Center.

Crédito: David M. Guerrero.

---

[15] *Aridi, Rasha (2020). "The Moon Has More Water and Ice Hidden All Over Its Surface Than Originally Predicted". Smithsonian magazine. www.smithsonianmag.com/smart-news/moon-has-more-water-and-ice-hidden-its-surface-originally-predicted-180976146/*
[16] *Scott, Anderson Paul (2019). "What's the Source of the Ice at the Moon's South Pole?". EarthSky.org. earthsky.org/space/different-sources-ice-moons-south-pole/*

También encontramos agua encapsulada en las rocas que trajeron los astronautas de las misiones Apolo.

Esta foto fue tomada con la nave espacial Clementine en 1994, cuando el sol estaba detrás de la luna.

El área blanca en el borde de la luna es el LHG y el punto brillante en la parte superior es el planeta Venus.

La delgada y brillante media luna, conocida como Lunar Horizon Glow (LHG), se vislumbró varias veces durante las misiones Apolo. Crédito: NASA.

Por eso es tan importante volver, necesitamos explorar y estudiar mejor la geología lunar.

Sabemos que el Sol envía grandes cantidades de partículas cargadas de lo que se llama viento solar, las cuales contienen protones de hidrógeno. Estos protones golpean el oxígeno que se encuentra en la superficie lunar y forman parte del agua congelada que hemos encontrado[17].

2.2. ¿Por qué es Importante Colonizar la Luna?

En el camino de convertirnos en una especie interplanetaria, la Luna juega un papel determinante por varias razones:

- **La primera** es la distancia, se encuentra apenas a 384.400 kilómetros (que en distancias estelares es literalmente el cuarto de al lado). El viaje se estima en aproximadamente 3 a 6 días, lo que permite realizar más misiones en menos tiempo con el fin de construir una colonia permanente[18].

- **La segunda**, que ya mencionamos, es su tenue atmósfera, que permite ahorrar mucha de la energía que se necesita para salir de la Tierra y que nos obliga a producir cohetes gigantes y motores potentísimos. Despegando desde la Luna podemos planear

---

[17] *Nuno, Raquel (2021). "Lunar Geology". StarTalk con Neil DeGrasse Tyson. www.youtube.com/watch?v=y0_JvaREOVQ*
[18] *Nasa Space Place (2021). "A que distancia de la Tierra está la Luna?". spaceplace.nasa.gov/moon-distance/sp/*

misiones para visitar otros lugares en el sistema solar más fácilmente[19].

- **La tercera**, es el laboratorio ideal para la colonización de otros cuerpos celestes. Nos permite realizar pruebas de arquitectura, vehículos, extracción de minerales, trajes, soportes vitales, cultivos, alimentos, etc. La Luna es el escalón perfecto para dar el siguiente salto que es la colonización de Marte.

- **La cuarta**, la Luna posee recursos indispensables para la vida, como agua (que a su vez contiene oxígeno), y otros elementos muy importantes para poder establecer una colonia permanente.

Esta colonización también será beneficiosa para los seres humanos que nos quedemos en la tierra. Todos los inventos y la ciencia (tecnología, medicina, biotecnología, genética, etc.) desarrollados tanto en el puesto de avanzada lunar Gateway, como en la superficie lunar nos ayudarán a mejorar nuestra calidad de vida.

---

[19] *NASA´s LEPO (2020). "Lunar Exploration Program Overview". Nasa. Nasa Head Quarters.*

A través del programa de transferencia tecnológica de la Nasa[20], el sector público y privado pueden acceder a conocimiento, patentes y beneficios de los avances en tecnología y ciencia espacial.

De ahí que ya exista un plan completo para establecer una base permanente humano-robótica. Ese plan se llama Artemisa, lleva varios años de progreso y es de la NASA.

Logo Artemisa. Crédito: Nasa

Es importante contarles que hace unos meses China y Rusia también anunciaron una base lunar permanente, aunque todavía no tenemos información específica sobre sus planes y cronograma[21].

---

[20] *NASA Techonology Transfer (2021). "STMD: Technology Trasfer". Nasa., www.nasa.gov/directorates/spacetech/techtransfer*

[21] *Guerrero Vélez D, (2021). "Por qué y Cómo Podemos Convertirnos en una Especie Interplanetaria", (Tesis de Máster, Universidad Internacional de Valencia). Recuperado de www.portaldeinvestigacionviu.com.*

3. Programas Espaciales
Artemisa I, II y III

En la mitología griega, Artemisa es la hermana gemela de Apolo, Diosa de la caza.

Escultura de Artemisa en Roma. Crédito: Redhistoria.com

El 11 de diciembre de 2017, la Nasa recibió la directiva presidencial para revigorizar el programa estadounidense de exploración espacial y a partir de ahí comenzaron los preparativos para crear un programa que permita establecer una base lunar permanente para 2024.

Dos años después, en 2019, se le solicitó también por directiva presidencial, llevar la primera mujer a la Luna en un plazo menor a 5 años.

El objetivo del programa espacial Artemisa es "Construir una coalición de alianzas con la industria, las naciones y la academia para llevarnos a la Luna de forma rápida y sostenible.

Llevar más misiones, más ciencia para explorar regiones de la luna nunca visitadas antes. Volver de forma robótica en el corto plazo, llevar humanos en 4 años y mantener una presencia permanente en la próxima década"[22].

3.1. Artemisa I

En esta primera etapa del programa se integraron los elementos de la arquitectura espacial *(ver capítulo 4)*.

SLS y Orion despegaron del Complejo de Lanzamiento 39B en Kennedy a la 1:47 a. m. EST del 16 de noviembre, iluminando el cielo nocturno. Crédito: NASA/Joel Kowsky.

---

[22] *Bridenstine, Jim, Nasa Administrator (2020). "Nasa´s Lunar Exploration Program Review".*

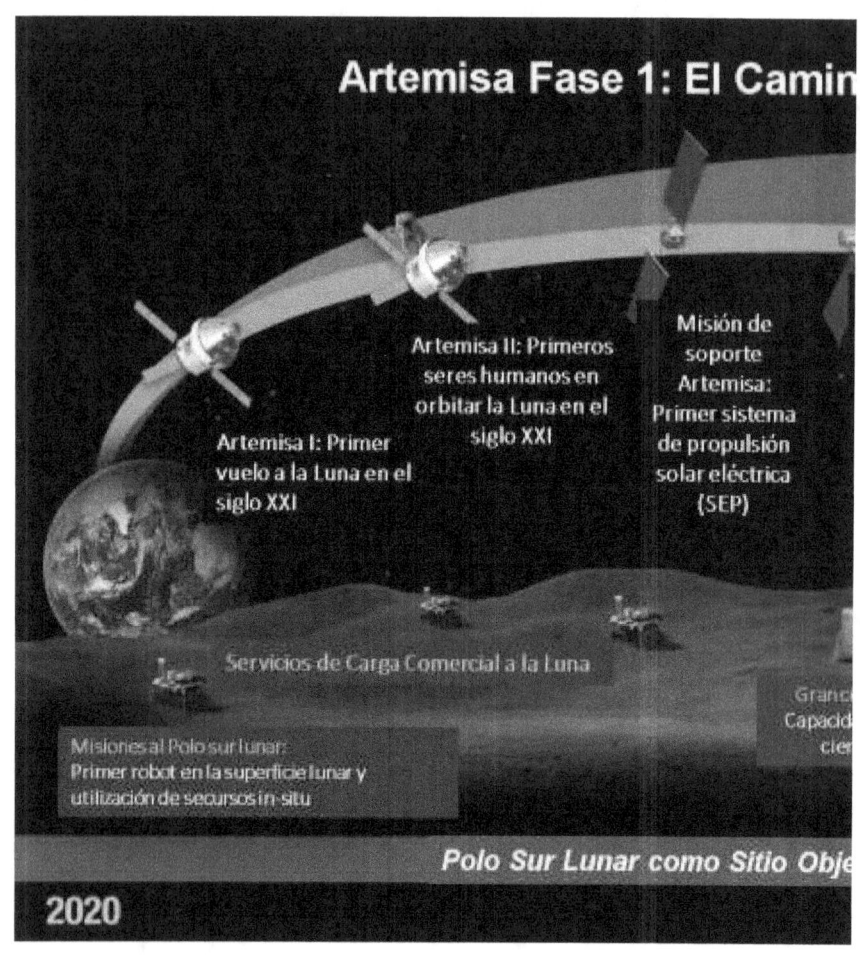

Esquema del Programa Espacial Artemisa I. Crédito: Nasa.

Después de 2 intentos fallidos, Artemisa I finalmente despegó el 16 de noviembre de 2022 a la 1:47 am desde el complejo 39B del Kennedy Space Center. La misión orbitó la Luna durante 6 días, (a 100 kilómetros aprox. de su superficie), donde recolectó datos e información relevante para las futuras misiones.

La cápsula espacial Orión, después de la misión Artemisa I se recuperó con éxito dentro de la cubierta del USS Portland el 11 de diciembre de 2022 frente a la costa de Baja California.

Finalmente, después de viajar por más de 2 millones de kilómetros retornó a la Tierra para las evaluaciones finales. Durante su recorrido la cápsula llevó a cabo múltiples tareas de sistemas, comunicaciones, materiales y durabilidad.

3.2. Artemisa II

La segunda etapa del programa Artemisa será una misión tripulada de 10 días alrededor de la Luna. Esta misión está programada para 2023. El objetivo principal es probar todos los sistemas involucrados: EGS, SLS, Cápsula Orión, etc., pero con tripulación para llevar de forma segura seres humanos de nuevo a la Luna y a misiones en el espacio profundo. La misión orbitará primero la Tierra dos veces para confirmar que todos los sistemas estén funcionando bien antes de partir hacia la Luna.

Es una misión muy importante porque permitirá probar sistemas críticos para el éxito de las misiones. Entre ellos los sistemas de comunicaciones, *Deep Space Network* o Red de Espacio Profundo, que es la red de comunicaciones de la que dependerán esta y las siguientes las misiones espaciales.

También se practicarán procedimientos de emergencia y pruebas de los protectores contra radiación[23].

Durante su órbita, los astronautas estarán a una distancia de 7.400 kilómetros de la Luna, desde una posición en la cual podrán observar tanto la Luna como la Tierra (tendremos unas fotos maravillosas). Posteriormente aprovecharán la gravedad terrestre para volver a nuestro planeta.

---

[23] *NASA first flight with crew (2018). "NASA's First Flight With Crew Important Step on Long-term Return to the Moon, Missions to Mars". Nasa.gov. www.nasa.gov/feature/nasa-s-first-flight-with-crew-important-step-on-long-term-return-to-the-moon-missions-to*

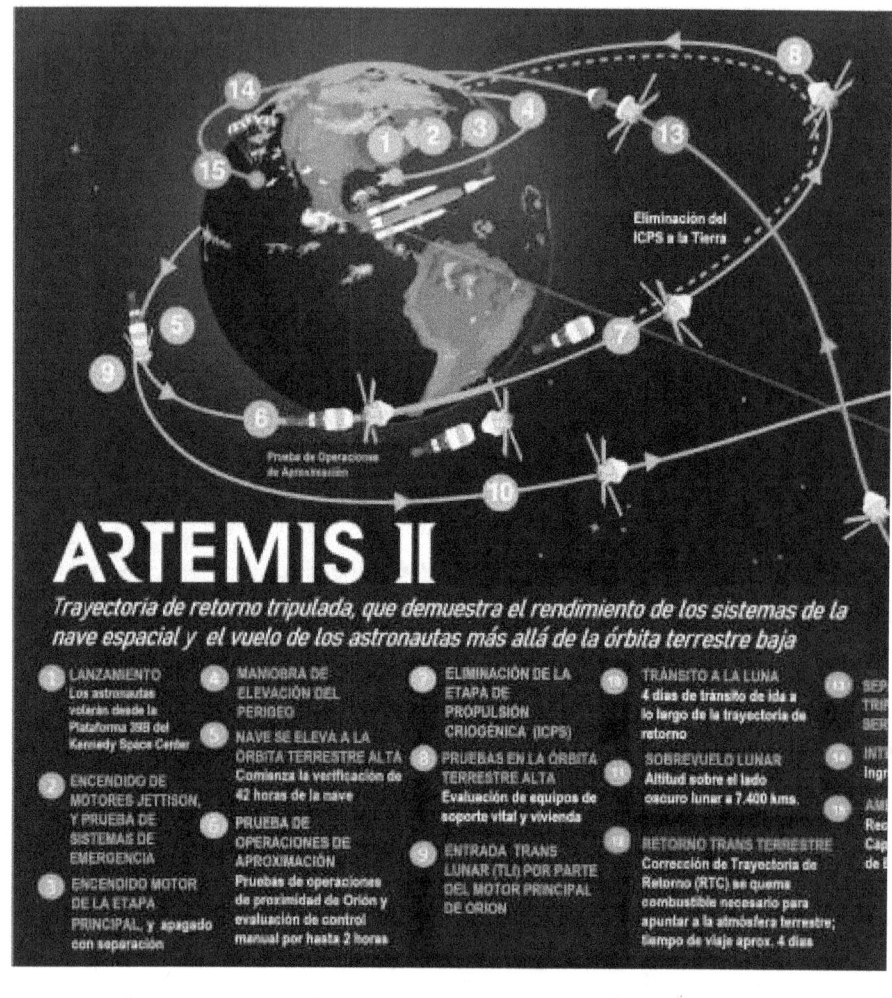

Esquema del Programa Espacial Artemisa II. Crédito: Nasa.

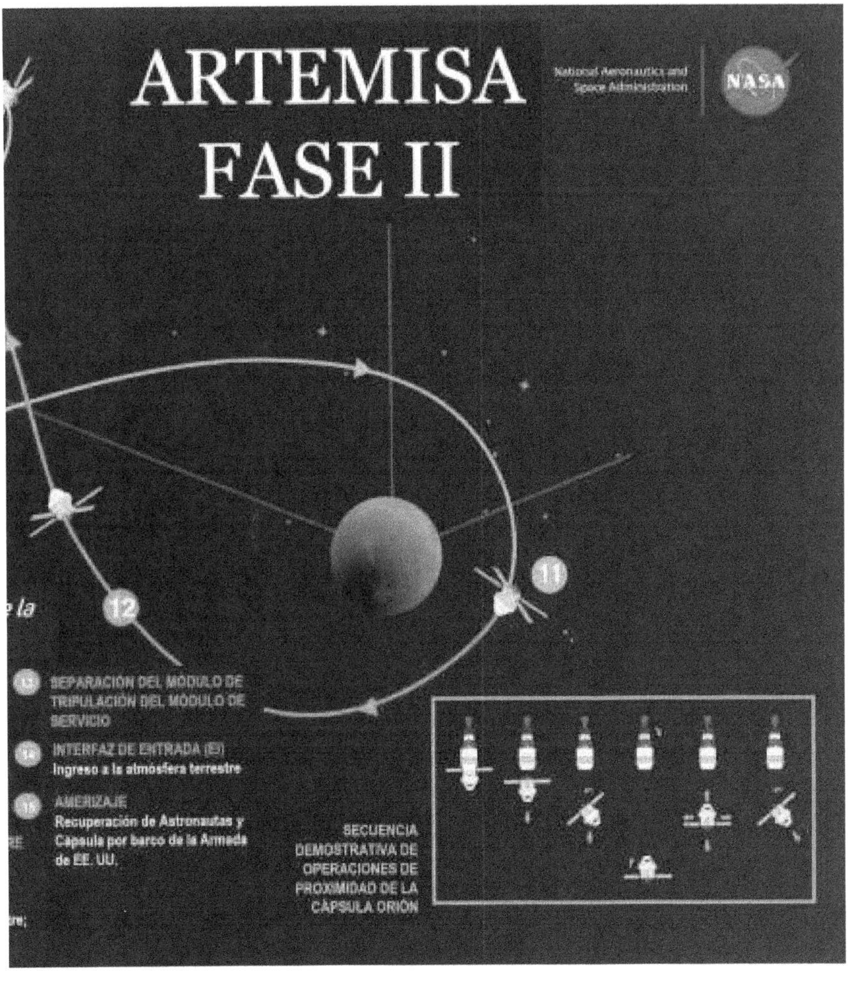

ARTEMISA
FASE II

National Aeronautics and
Space Administration

NASA

12

11

e la

13 SEPARACIÓN DEL MÓDULO DE
TRIPULACIÓN DEL MÓDULO DE
SERVICIO

14 INTERFAZ DE ENTRADA (EI)
Ingreso a la atmósfera terrestre

15 AMERIZAJE
Recuperación de Astronautas y
Cápsula por barco de la Armada
de EE. UU.

SECUENCIA
DEMOSTRATIVA DE
OPERACIONES DE
PROXIMIDAD DE LA
CÁPSULA ORIÓN

49

3.3. Artemisa III

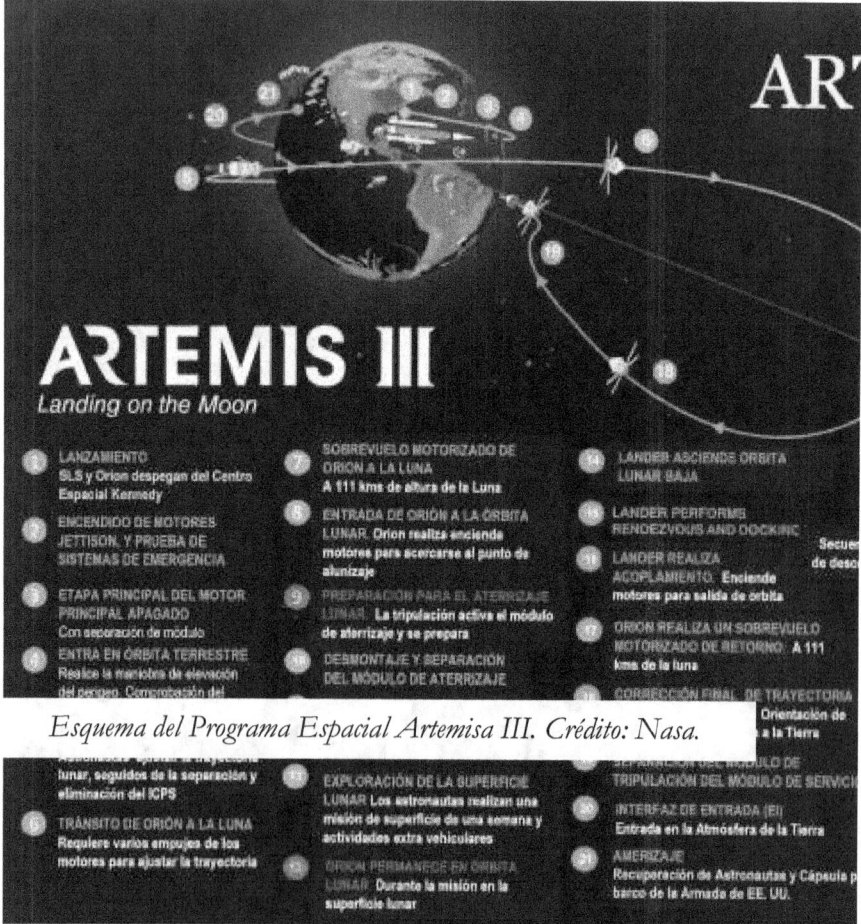

Esquema del Programa Espacial Artemisa III. Crédito: Nasa.

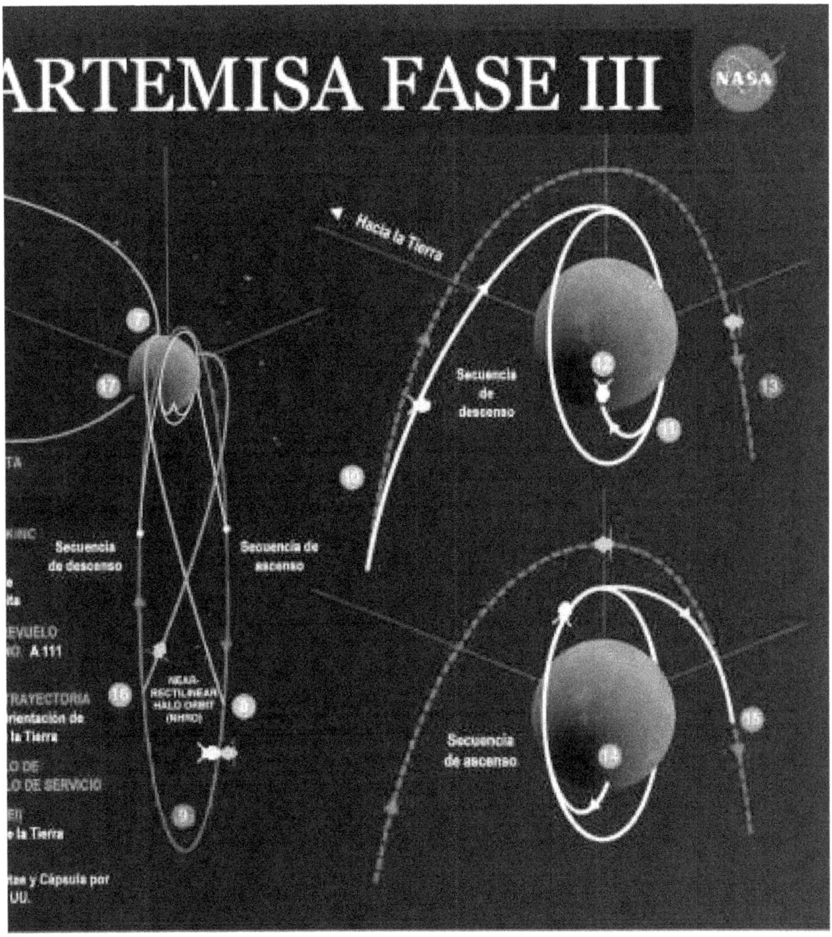
ARTEMISA FASE III
NASA
Hacia la Tierra
Secuencia
de
descenso
Secuencia
de descenso
Secuencia de
ascenso
NEAR-
RECTILINEAR
HALO ORBIT
(NRHO)
Secuencia
de ascenso

Toda la preparación y el aprendizaje de Artemisa I y II llevarán al momento culminante, que es el programa Artemisa III, con el objetivo principal de colonizar la Luna de forma permanente, llevar la primera mujer a suelo lunar y comenzar un ambicioso plan de investigaciones científicas y tecnológicas destinadas a convertir a los seres humanos en una especie interplanetaria.

Ilustración de Astronautas en el Polo Sur de la Luna.
Crédito: Nasa

La comprobación del adecuado funcionamiento de toda la arquitectura espacial, el aprendizaje tecnológico, la solución de problemas e inconvenientes in situ y el cumplimiento de las misiones científicas que están relacionadas con Artemisa III, serán los pilares sobre los cuales se desarrollarán las misiones para llevar seres humanos a Marte, al espacio profundo y más allá.

4. Arquitectura del Programa Espacial Artemisa

4.1. Arquitectura Terrestre

A diferencia de las anteriores instalaciones, que estaban diseñadas para un prototipo y modelo específico de aeronave espacial como el Saturno V o los Transbordadores espaciales, el EGS es una arquitectura terrestre para transformar el Kennedy Space Center (KSC) en un **puerto espacial flexible y económicamente eficiente** que permita lanzar diferentes tipos de naves espaciales de la Nasa, de otros gobiernos y del programa comercial CCP, en el que se trabaja con Boeing, SpaceX, Blue Origin y otras empresas privadas para las futuras misiones a la Luna y Marte[24].

---

[24] *EGS Data sheet (2019). "Exploration Ground System. Nasa Facts". Recibido de Mónica J Witt. Nasa Head Quaters*

Esta flexibilidad permitirá abaratar los viajes espaciales y así establecer las bases de un programa espacial sostenible y permanente.

4.1.1. Sistema de Exploración Terrestre (EGS) *Exploration Ground System*

La arquitectura terrestre para el programa espacial Artemisa está compuesta por diversos componentes que permitirán enviar al espacio todo tipo de configuraciones (carga o tripulaciones) tanto a la Luna como a Marte y al espacio profundo.

Edificio de ensamblaje, transportador oruga 2 y SLS como parte del Sistema de Exploración Terrestre EGS. Crédito: Nasa/ Teslarati

Estas instalaciones se encuentran en desarrollo en Cabo Cañaveral, e incluyen:

- **Plataforma de lanzamiento 39B para el SLS**
- **Transportador oruga 2**
- **Edificio de ensamblaje de naves y cohetes**
- **Lanzador móvil**
- **Pistas y puestos de aterrizaje**

El transportador Oruga 2 (CT-2), encargado de llevar la nave espacial a su lugar de lanzamiento. Crédito: Nasa

El edificio de ensamblaje de naves y cohetes con la cápsula Orión.
Crédito: Nasa/ Teslarati

El EGS se enfoca en el equipamiento y manejo de las operaciones para conectar de forma segura una nave espacial (como la cápsula Orión de la Nasa o la cápsula Dragón de SpaceX) a un cohete (como el Falcon 9 de SpaceX), llevar la nave de forma segura al lugar de lanzamiento y enviarla al espacio.

Lanzador
móvil para el
SLS y otros
cohetes
espaciales como
el Falcon 9 de
Space X.
Crédito: Nasa

4.1.2. Sistema de Lanzamiento Espacial

SLS: *Space Launch System*

SLS ensamblado en su lanzador móvil. Crédito: Nasa

El SLS es el cohete más potente jamás construido por la Nasa, está diseñado de forma flexible para poder desarrollar diferentes tipos de misiones, incluyendo la colonización de la Luna y Marte, podrá visitar Saturno, Júpiter, y otros planetas y lunas en el Sistema Solar, o visitar el espacio profundo, así como llevar carga, seres humanos o robots.

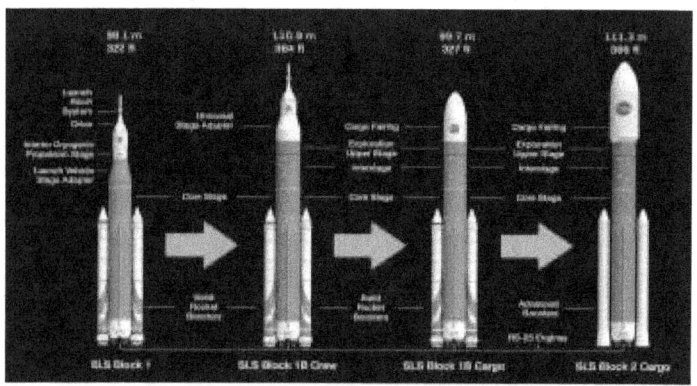

Diferentes configuraciones del SLS. Crédito: Artemis Multimedia Catalog, Nasa.

La primera configuración del SLS, llamada Bloque 1, con la que se espera llevar la primera mujer en la cápsula Orión a la superficie lunar, tiene una carga útil de 38 toneladas métricas:

El primer cohete en viajar a la Luna se llamará Artemisa I, medirá casi 100 metros de altura, y tendrá un 15% más de empuje que el célebre Saturno V. Producirá un total de 8.8 millones de libras de empuje saliendo de la atmósfera terrestre.

SLS rumbo a su lugar de lanzamiento: Crédito: Artemis Multimedia Catalog, Nasa

Foto del SLS en primera fase de vuelo. Crédito: Nasa

La primera misión no será tripulada, orbitará la Luna y llevará carga, ya que se requiere confirmar la seguridad y el rendimiento del sistema completo antes de enviar seres humanos.

4.1.3. Cápsula Espacial Orión

Orión es la cápsula o nave espacial donde viajarán los seres humanos más allá de la atmósfera Terrestre. Irán a la Luna, Marte o al espacio profundo, en ella viajarán a la estación espacial lunar Gateway. En esta cápsula también harán el reingreso a la Tierra una vez culminadas las misiones en la Luna o Marte. Ha sido diseñada desde cero para ser el soporte vital del programa Artemisa.

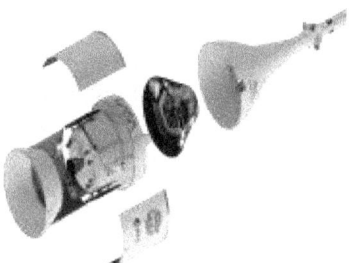

Modelo de la cápsula espacial Orión.
Crédito: Artemis Multimedia Catalog, Nasa.

Cápsula espacial Orión.
Crédito: Artemis Multimedia Catalog, Nasa.

Entre sus innovaciones se incluyen un nuevo adaptador para gran variedad de cohetes espaciales, un sistema de cancelación de misión mucho más seguro para los tripulantes, soporte vital, nuevos escudos térmicos, sistemas de propulsión completamente rediseñados y otros sistemas que permitirán las misiones de espacio profundo para los seres humanos.

Cápsula Espacial Orión en el proceso de ensamblaje.
Crédito: Nasa

Un total de 4 astronautas caben en una cápsula Orión y pueden sobrevivir 21 días con los consumibles incluidos.

El módulo de servicios, creado en conjunto con la agencia espacial europea ESA, es parte esencial del programa, ya que provee propulsión y energía para el viaje a la Luna. También, cuando esté anclado a la cápsula tripulada, puede proveer aire y agua, además de llevar carga para la supervivencia de la tripulación.

4.2. Arquitectura Espacial

4.2.1. Estación Espacial Lunar – Gateway

Gateway será una estación espacial que orbitará la Luna, también llamada *Lunar Outpost*, o Puesto de Avanzada Lunar.

Sus socios son, además de la Nasa, la Agencia Espacial Japonesa (JAXA), la Agencia Espacial Europea (ESA), la Agencia Espacial Canadiense (CSA) y Roscosmos, Agencia Espacial Rusa [25].

---

[25] *Guerrero Vélez D, (2021). "Por qué y Cómo Podemos Convertirnos en una Especie Interplanetaria", (Tesis de Máster, Universidad Internacional de Valencia). Recuperado de www.portaldeinvestigacionviu.com.*

Ilustración de la estación espacial lunar Gateway. Crédito: Nasa.

Será el centro de control de las operaciones lunares. Allí llegarán primero los astronautas que posteriormente viajarán a la Luna. Servirá como centro de abastecimiento, investigación científica, y de soporte para el programa Artemisa. Como la actual ISS, será proveída con energía solar.

Se espera que para 2023 despeguen los primeros módulos del Gateway, que serán el *Power, Propulsion and Communication Element* (PPE) o Elemento de Energía, Propulsión y Comunicación, que también hace de módulo de control y navegación (tiene propulsores para mantener la dirección y la altitud deseadas).

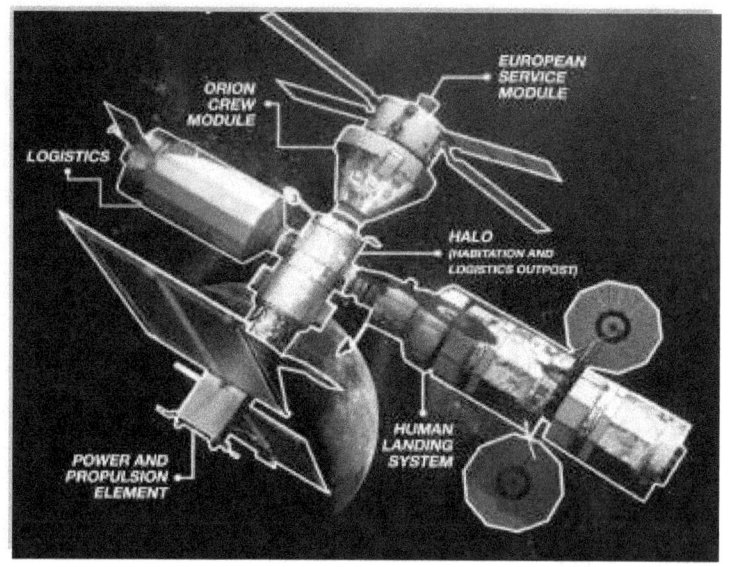

Modelo del Puesto de Avanzada Lunar Gateway. Crédito: Nasa.

También enviarán el HALO, *Habitation and Logistics Outpost*, o Puesto Avanzado de Habitación y Logística, que es el módulo donde llegarán los primeros astronautas. Tiene control térmico, de presión y proveerá las comunicaciones con los elementos de la superficie lunar (humanos, robóticos y vehículos). Estos componentes del Gateway son construidos por empresas privadas supervisadas por la Nasa.

Posteriormente se incorporarán los módulos ESPRIT.

4.2.2. Red de Comunicaciones del Espacio Profundo, *Deep Space Network (DSN)*

Es una red de antenas de radio ubicadas alrededor de la Tierra (y también en el espacio) para dar soporte y comunicaciones a las misiones espaciales. La red es operada por el Laboratorio de Propulsión a Chorro (JPL) en California, que también opera la mayoría de las misiones robóticas de la NASA.

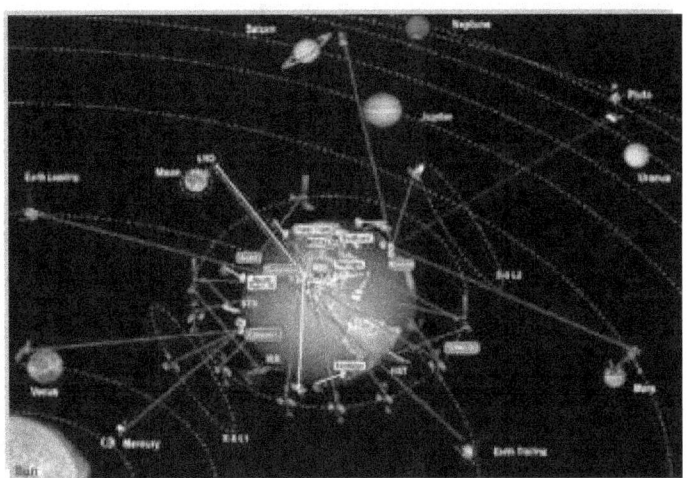

Ilustración de la Red de Comunicaciones del Espacio Profundo. Deep Space Network (DSN). Crédito: Nasa

Las antenas se ubican en Goldstone (California, Estados Unidos), Madrid (España) y Canberra (Australia). El objetivo es aumentar la capacidad de descarga de información a 100mbps y a 20 Mbps de carga.

Gráfico conceptual de LunaNet. Créditos: NASA/Reese Patillo

Estará conectada con la red de comunicaciones lunar, que tendrá antenas de 18 metros y contará con (LunaNet), la red que operará desde la superficie de la Luna y permitirá comunicaciones de gran volumen para diferentes misiones espaciales[26].

Esta red también funcionará como soporte y aprendizaje para otras misiones espaciales futuras.

---

[26] *Nasa´s Lunar exploration program review, September 2020*

4.2.3. Trajes Espaciales para Artemisa

Por el momento se contempla utilizar 2 tipos de trajes espaciales para los astronautas del programa espacial Artemisa:

Sistema de Supervivencia de la Tripulación Orión (OCSS).

Este traje color naranja está diseñado para utilizarse dentro de las naves (como la cápsula Orión), módulos espaciales de Artemisa (como Gateway) o en las instalaciones humanas en la Luna durante algunos procedimientos o misiones.

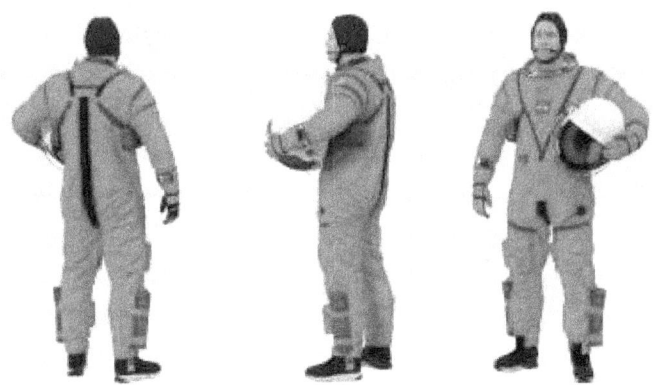

Sistema de Supervivencia de la Tripulación Orión (OCSS).
Crédito: Nasa.

Protegerá al astronauta que lo utilice durante la fase de lanzamiento al espacio, en situaciones de emergencia, también para el reingreso a la atmósfera.

Traje Especial Para Actividades Extra Vehiculares
Exploration Extravehicular Mobility Unit (xEMU)

Traje Especial Para Actividades Extra Vehiculares xEMU.
Crédito: Nasa.

Este es uno de los proyectos más importantes de la Nasa porque desde el fin del programa Apolo no se han desarrollado nuevos trajes espaciales, lo que significa que desde hace más de 40 años se utiliza la misma tecnología (con mejoras), pero básicamente sobre la misma plataforma.

Trajes espaciales para Artemisa III. Presentados el 15 de marzo 2023.
Crédito: Nasa.

Sin embargo, para los grandes objetivos de Artemisa, se necesitan nuevos trajes, con tecnología de punta, que permitan a los astronautas llevar a cabo las misiones de forma más segura y más cómoda.

Por esa razón se está desarrollando el xEMu, que es el traje espacial diseñado para futuras misiones extravehiculares (fuera de las estaciones espaciales, vehículos o los módulos de habitación de los astronautas), cada traje es una nave espacial personal en sí misma.

Es un sistema muy avanzado que provee al astronauta de protección térmica, presión e impactos de micro meteoros. También provee de oxígeno, agua, alimentos, energía eléctrica, comunicaciones y hasta funciona como baño portátil para el astronauta, incluso permite el desecho de dióxido de carbono[27].

Cada unidad tiene varios componentes básicos:

- **xPLSS** (*Exploration Portable Primary Life Support System*) o Sistema Primario de Soporte Vital, se lleva en la espalda como un morral, provee el oxígeno, elimina el dióxido de carbono y los olores, y mantiene la temperatura del astronauta dentro del traje. Por su complejidad es el elemento más costoso de todo el sistema.

- **xPGS** (*Exploration Pressure Garment System*), o Traje de Sistema de Presión, que permite la movilidad del astronauta y lo protege del vacío del espacio exterior.

- **xINFO**, (*Exploration Informatics Subsystem*), es el Subsistema Informático de Exploración, es el sistema que permite la exploración extravehicular de las tripulaciones. Provee video en alta definición, iluminación permanente en el lugar de trabajo, grabación y antena de comunicaciones.

---

[27] *Nasa´s Spacesuits (2017). "Nasa's Management and Development of Spacesuits final report". Ofiice of Inspector General. Recuperado de https://oig.nasa.gov/docs/IG-17-018.pdf*

- **VISE** (*Vehicle Interfase to Suit Equipment*), es la Interfase de Vehículos para Adaptar los Equipos, que es el sistema que adapta el traje espacial al vehículo donde se encuentre y además permite la interacción con otros vehículos o naves espaciales cercanas. Esto incluye energía, comunicaciones con la tripulación, datos, etc.

  En este momento se están desarrollando unidades VISE independientes para la Estación Espacial internacional y el HLS (Sistema de Aterrizaje Humano).

Cada traje espacial tiene una masa de 113 kilogramos y cuesta en promedio 12 a 232 millones de dólares (dependiendo de su versión y finalidad) [28].

---

[28] *Guerrero Vélez D, (2021). "Por qué y Cómo Podemos Convertirnos en una Especie Interplanetaria", (Tesis de Máster, Universidad Internacional de Valencia). Recuperado de www.portaldeinvestigacionviu.com.*

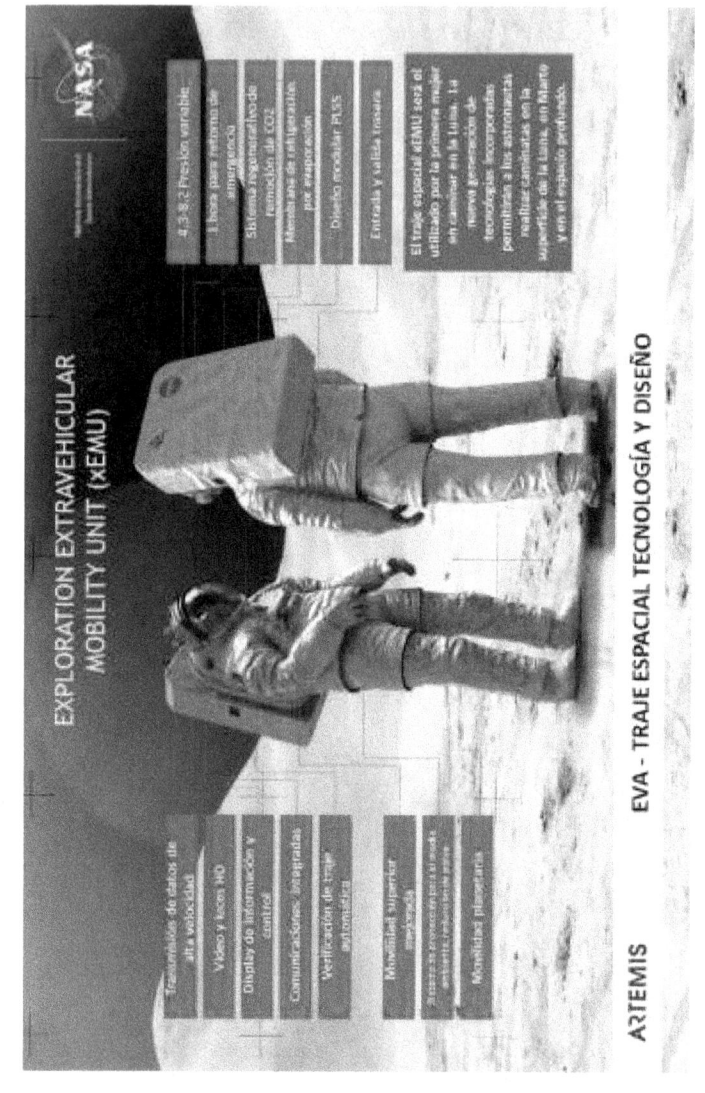

ARTEMIS EVA - TRAJE ESPACIAL TECNOLOGÍA Y DISEÑO

Página anterior. Infografía del traje espacial xEMU.
Crédito: Nasa, Jason Roberts.

La gran complejidad de estos nuevos trajes, sumado a la pandemia han retrasado el programa, que inicialmente esperaba tener las primeras unidades disponibles para marzo 31 de 2023; sin embargo, parece que no estarán listos hasta 2024.

Kristine Dans (izquierda) usa la Unidad de movilidad extravehicular de exploración (xEMU), mientras que Dustin Gohmert (derecha) usa el traje de supervivencia para la tripulación de Orión. Crédito: Nasa

4.2.4. Sistema de Aterrizaje Humano
Human Landing System (HLS)

El HLS es la última etapa de la tecnología que llevará seres humanos a la superficie lunar.

Es básicamente un módulo lunar de última generación que será construido por SpaceX, aunque también estaban las compañías Blue Origin y Dynetix en competencia. El HLS será desarrollado con acompañamiento y financiación directamente de la Nasa.

El Starship HLS será producido por SpaceX, mediante un contrato otorgado por la Nasa el 16 de abril de 2021. Crédito: Nasa/ SpaceX

Su puerto de salida será la estación espacial lunar (Gateway), y tendrá varias tareas muy importantes: llevará a los astronautas desde el Gateway hasta la órbita lunar, y de allí descenderá a la superficie lunar; posteriormente ascenderá desde la Luna nuevamente hasta el Gateway.

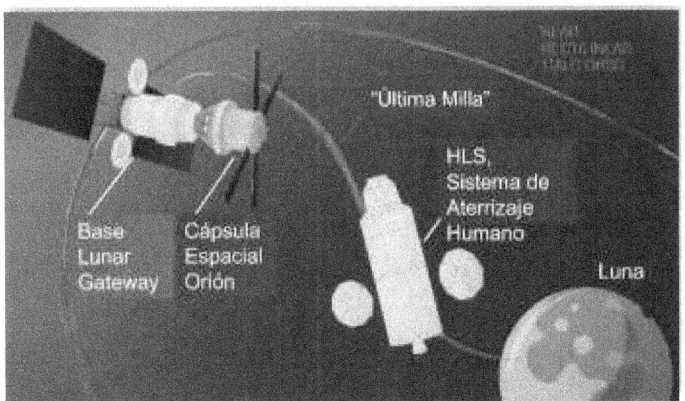

Infografía: La 'última milla' de la futura misión Artemisa III a la Luna. Crédito: Pavel Odinev (Skoltech)

Este prototipo de "Starship" es una nave espacial completa, es decir que no tendrá varias fases de vuelo como el Saturno V u otros diseños propuestos.

Tampoco tendrá que hacer reingreso en una atmósfera (la Luna tiene muy poca); por lo tanto, no necesita tener un escudo térmico. Elon Musk aseguró que el HLS tendrá una carga útil de aproximadamente 200 toneladas.

4.3. Arquitectura Lunar

Colonizar la Luna va a requerir estructuras permanentes, energía, comunicaciones, vehículos y otras instalaciones para alojar a los astronautas que vivirán por temporadas y realizarán ciencia desde la superficie lunar.

4.3.1. Campamento Base de Artemisa

Impresión artística del Campamento Base de Artemisa en la Luna. Crédito: Nasa.

La Nasa prevé llevar muchas de estas estructuras desde la Tierra, pero también se planea construir in situ algunas de ellas para ahorrar espacio y costos de transporte.

Concepto de vivienda lunar impresa en 3D para alojar astronautas,
científicos y turistas. Crédito: Mahdi Eghbali Amlashi

Para las viviendas, oficinas de trabajo, invernaderos, etc.,
se están evaluando diversas posibilidades: desde utilizar
algunos elementos de la superficie como materiales de
construcción, o llevar impresoras 3D y robots que

ayuden a levantar los módulos habitacionales y de investigación.

Concepto de vivienda lunar impresa en 3D para alojar astronautas, científicos y turistas.
Crédito: Mahdi Eghbali Amlashi

Aunque al comienzo las estadías serán de corta duración, el objetivo es ir desarrollando la infraestructura para que los astronautas puedan estar en la superficie lunar hasta 2 meses y de esa forma aprovechar mejor su presencia allí.

También se podrán crear viviendas para alojar turistas espaciales que ayudarán a financiar las actividades de investigación.

4.3.2. Vehículos Lunares: VIPER, LTV y HMP

El primer rover en viajar a la Luna será el VIPER, *Volatiles Investigating Polar Exploration Rover*, o Rover de Exploración Polar e Investigación de Volátiles:

Concepto de un artista del diseño completo del VIPER.
Créditos: NASA/Daniel Rutter

El Rover Viper está programado para viajar a la Luna en 2023 y tendrá una misión de aproximadamente 100 días, en los cuales cumplirá diversas tareas, entre ellas identificar y mapear los recursos que los colonizadores humanos utilizarán cuando lleguen a nuestro satélite natural.

Datos clave sobre la misión VIPER de la NASA:

- **Lugar de aterrizaje:** región Nobile del polo sur de la Luna.
- **Duración de la misión:** 100 días terrestres, cubriendo 3 ciclos de día y noche lunar.
- **Distancia objetivo:** 20 kilómetros.
- **Tamaño del rover:** similar a un carrito de golf: (1,5 metros x 1,5 metros x 2,5 metros) y una masa de 450 kilogramos.
- **Instrumentos:** 3 espectrómetros y un taladro de 1 metro de largo.
- **Potencia:** batería con carga solar, potencia máxima de 450 vatios.
- **Velocidad máxima:** 0,72 kph.
- **Comunicaciones:** banda X directa a la Tierra (sin retransmisión) a través de la red de espacio profundo.

VIPER buscará hielo de agua en la superficie y en el subsuelo de la Luna a diferentes profundidades, también medirá la temperatura dentro de cuatro entornos de suelo principales.

Los datos que enviará VIPER se utilizarán para crear mapas de recursos, lo que ayudará a los científicos a determinar la ubicación y la concentración de hielo de agua en la Luna y las formas en que se encuentra, como cristales de hielo o moléculas unidas químicamente a otros materiales[29].

Rover Viper de la Nasa para buscar agua en la Luna. Crédito: Nasa.

Los hallazgos de VIPER nos darán mejor información sobre los futuros sitios de alunizaje de Artemisa también ayudarán a determinar los lugares donde se puede recolectar agua y otros recursos para mantener a los humanos durante largas estadías.

El transporte desde la Tierra es muy costoso, así que lograr utilizar los recursos disponibles en la Luna es

---

[29] *Nasa Viper (2021). Viper Mission Overview.*
https://www.nasa.gov/viper/overview

indispensable para la sostenibilidad de los programas futuros de colonización espacial.

En una segunda fase se planea utilizar 2 grandes vehículos para la superficie de la Luna:

Vehículo para el Terreno Lunar
Lunar Terrain Vehicle (LTV)

El vehículo para terreno lunar sirviendo como vehículo de carga. Crédito: Artemis Multimedia Catalog, Nasa / Lockheed Martin.

Este vehículo, diseñado por Lockheed Martin y General Motors, será el que transporte a los astronautas durante su estadía en la Luna.

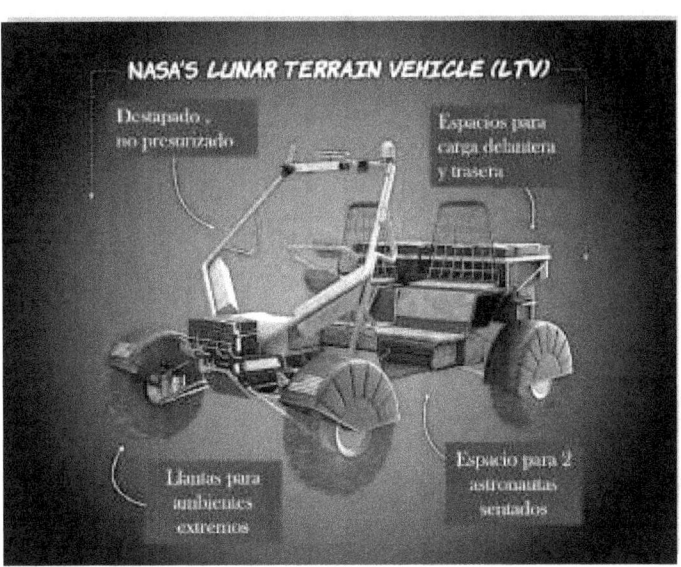

Concepto y características del LTV. Crédito: Nasa / Lockheed Martin.

Tiene varias características muy interesantes, entre ellas: bajo consumo de energía, puede ser operado desde la base lunar para realizar tareas y experimentos de forma remota, servirá para transportar elementos y aparatos en la superficie Lunar, tendrá capacidad de almacenaje de energía y tendrá un buen rango de acción para realizar misiones más distantes.

Plataforma Móvil Habitable
Habitable Mobility Platform (HMP)

Plataforma Móvil Habitable en la superficie lunar.
Crédito: Artemis Multimedia Catalog.

La Plataforma Móvil Habitable será un vehículo multipropósito presurizado que servirá para aumentar considerablemente la capacidad de exploración de las misiones en la Luna y eventualmente en Marte.

Podrá llevar hasta 4 astronautas por un periodo de 45 días de forma autónoma.

Tendrá un volumen habitable para los astronautas, espacio para los trajes espaciales, comunicación, aviónica. Permitirá realizar misiones científicas más largas de forma segura[30].

Concepto de Rover Lunar de la agencia espacial Japonesa (Jaxa), diseñado por Toyota. Crédito: Jaxa.

Estos vehículos habitables serán estratégicos para garantizar la seguridad de los astronautas en la Luna, ya que en una emergencia podrán refugiarse en ellos mientras se envían misiones de rescate desde la Tierra. Actualmente hay varias agencias espaciales trabajando en estos Rovers lunares.

---

[30] *NASA´s LEPO (2020). "Lunar Exploration Program Overview". Nasa. Nasa Head Quarters.*

5. Objetivos Científicos de Artemisa[31]

El programa Apolo tenía dentro de sus objetivos realizar estancias más largas en la Luna; también tenían planeado llevar vehículos espaciales presurizados para los astronautas, y construir algunas instalaciones permanentes.

El astronauta del Apolo 11 Buzz Aldrin con el experimento sísmico en la Luna. Los paneles solares se han desplegado a izquierda y derecha y la antena apunta a la Tierra. El reflector láser está más allá de la antena y, en la distancia, la cámara de televisión se recorta contra el cielo negro. La cámara de primer plano

---

[31] *Artemis III, SDR (2020). "Nasa Artemis III Science Definition Report". Nasa.*

estéreo está cerca del borde derecho de este detalle.
Crédito: Nasa

Infortunadamente, a mediados de los 70´s, con la crisis del petróleo y los altos costos del programa, cambiaron las prioridades del gobierno estadounidense y las misiones Apolo 18 - 20 que realizarían estas investigaciones científicas fueron canceladas.

Detalles de La Luna vista a través de un telescopio Celestron 8SE.
Crédito: David M. Guerrero

A pesar de esto, la Luna siempre ha sido un objetivo científico muy importante para nosotros.

La Luna ha sido llamada por los científicos "la piedra angular del sistema solar", o la "Piedra Rosetta", debido a que conserva un gran patrimonio: en su superficie se pueden ver los rastros de más de 4.500 millones de años de historia geológica del sistema solar.

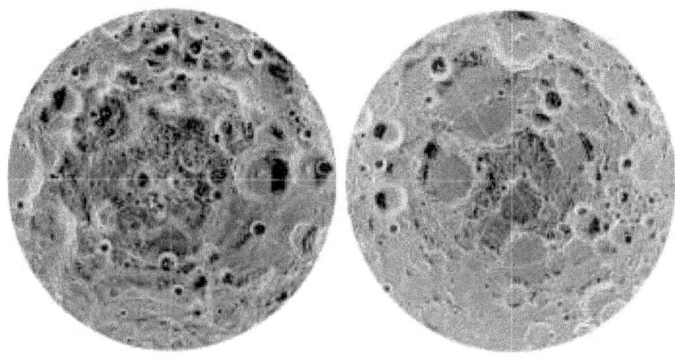

En 2018 se confirmó la existencia de hielo de agua en la Luna. La imagen muestra la distribución del hielo superficial en el polo sur (izquierda) y el polo norte (derecha) de la Luna, detectado por el instrumento Moon Mineralogy Mapper de la NASA.

El azul representa las ubicaciones de hielo, trazadas sobre una imagen de la superficie lunar, donde la escala de grises corresponde a la temperatura de la superficie (los tonos más oscuros representan

áreas más frías y los tonos más claros indican zonas más cálidas).
El hielo se concentra en los lugares más oscuros y fríos, a la sombra
de los cráteres. Esta es la primera vez que los científicos observan
directamente evidencia definitiva de hielo de agua en la superficie de
la Luna. Créditos: NASA/ JPL

La Luna no tiene placas tectónicas o vientos atmosféricos que borren su pasado. Por eso es tan importante hacer ciencia directamente desde su superficie. Vamos a descubrir cosas muy importantes acerca de nuestro sistema solar[32].

El equipo científico, en cabeza del Dr. Thomas Zurbuchen, ha elaborado una lista de objetivos científicos prioritarios (basados en programas, estudios anteriores, prioridades actuales y revisiones con la comunidad científica) para el programa espacial Artemisa.

El lugar escogido para las misiones Artemisa es el Polo Sur lunar. Este lugar es muy importante para los científicos porque ahí se encuentra la cuenca Aitken, la cual contiene una gran cantidad de impactos que permitirán establecer con certeza la edad de la cuenca; también existe la posibilidad de encontrar depósitos de

---

[32] *Artemis III, SDR (2020). "Nasa Artemis III Science Definition Report". Nasa. Recibido de Monica J Witt. Nasa Head Quarters.*

hielo y otros elementos que pueden servir para las futuras misiones.

Mosaico de cámara gran angular (WAC) LROC de la región del Polo Sur lunar, ancho 600 km. Crédito: NASA/GSFC/Universidad Estatal de Arizona

Esta zona permitirá estudiar de mejor forma la composición del agua que se remonta al comienzo del Sistema Solar (4.500 millones de años). Además, los picos de algunas montañas que se iluminan durante buena parte del día son lugares ideales para instalar paneles solares que proporcionarán energía a las instalaciones humanas permanentes.

De ahí que esta zona sea el lugar perfecto para llevar los próximos seres humanos a la Luna.

5.1. Comprender la Historia y los Procesos Evolutivos de los Planetas Rocosos

La Luna posee una de las claves para entender la evolución de la Tierra y de los planetas rocosos.

En nuestro planeta, infortunadamente, esa historia geológica se ha perdido a causa de la actividad tectónica, los vientos, biodiversidad, etc.

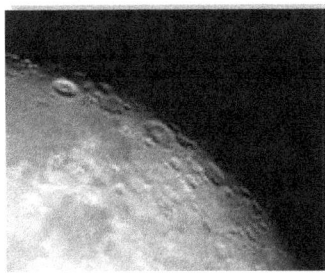
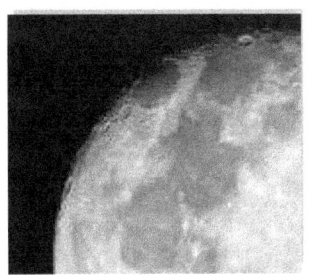

Detalle de los cráteres lunares. Crédito: David M. Guerrero

Detalle de los cráteres lunares. Crédito: David M. Guerrero

Ahí es donde entra nuestro querido satélite natural, ya que por sus particulares características físicas (poca atmósfera y casi nula actividad tectónica), es un excelente candidato para entender cómo se formaron los planetas rocosos (Mercurio, Venus, la Tierra y Marte) en el Sistema Solar.

Los planetas rocosos del Sistema Solar: Mercurio, Venus, la Tierra y Marte. Crédito: Meteorologiaenred.com

Durante el programa Apolo se recogieron y trajeron más de 150 kilogramos de rocas lunares que han servido para entender muchos aspectos de la Luna y de la evolución del sistema solar; sin embargo, todavía hay muchas preguntas por responder.

Ahora, con las misiones científicas de Artemisa al Polo Sur Lunar vamos a poder tener una mejor visión global de la geología de la Luna.

Astronauta recogiendo muestras en la superficie lunar.
Crédito: Nasa.

En el programa Artemisa se busca entrenar a los astronautas en Geología y Ciencia Planetaria para garantizar el éxito de las investigaciones que van a realizar en la superficie lunar, así como la óptima recolección de muestras que serán trasladadas a la Tierra para su posterior estudio.

Comprender la formación de los planetas rocosos nos permitirá ver otros sistemas solares más jóvenes en el universo y entender su evolución.

5.2. Investigar y Comprender la Formación del Sistema Tierra-Luna

La teoría científica[33] más aceptada sobre la formación de este sistema es que un objeto del tamaño de Marte chocó con la proto-Tierra o Tierra muy antigua, hace cerca de 4,500 millones de años, y de esa colisión surgió el sistema Tierra-Luna

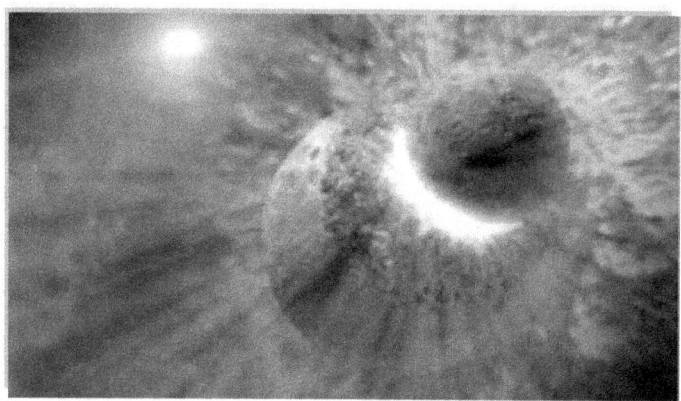

Representación artística de la colisión entre la proto-tierra y un

---

[33] *Definición de Teoría Científica: Las teorías científicas son el principal fundamento del conocimiento científico. Al contrario de lo que su nombre sugiere, no son meras especulaciones o suposiciones, sino que son explicaciones sustentadas y comprobadas, que mejoran a medida que pasa el tiempo y se comprende mejor el fenómeno que describen.*
Representan la culminación del pensamiento científico, o sea, la forma de conocimiento más rigurosa, confiable y completa que permite la ciencia. Crédito: concepto.de/teoria-cientifica/#ixzz7Mf3sNIcV

objeto del tamaño de Marte, que creó el sistema Tierra-Luna.
Crédito: DnaIndia

De ahí que existan preguntas aún no resueltas que con las misiones Artemisa los científicos esperan aclarar:

- ¿Cuál era la composición de ese objeto del tamaño de Marte que golpeó la antigua Tierra?
- ¿Cómo se acumuló y se compactó el material sobrante de la colisión de los 2 objetos para formar el sistema Tierra - Luna?
- Establecer la extensión del fraccionamiento de esos restos y su composición química, así como el tiempo que duró este proceso.
- Comprender si se perdieron elementos volátiles en el proceso, y cómo se perdieron.
- Entender si la Luna quedó completamente fundida durante el proceso de acreción[34].
- Entender el tamaño, duración de la formación y química del núcleo de la Luna.
- Comprender las condiciones físico-químicas de los procesos que crearon el océano de magma lunar.
- Entender la formación del océano de magma, la corteza, el manto y el núcleo.

---

[34] *Proceso en el cual un cuerpo pasa material a otro durante una colisión*

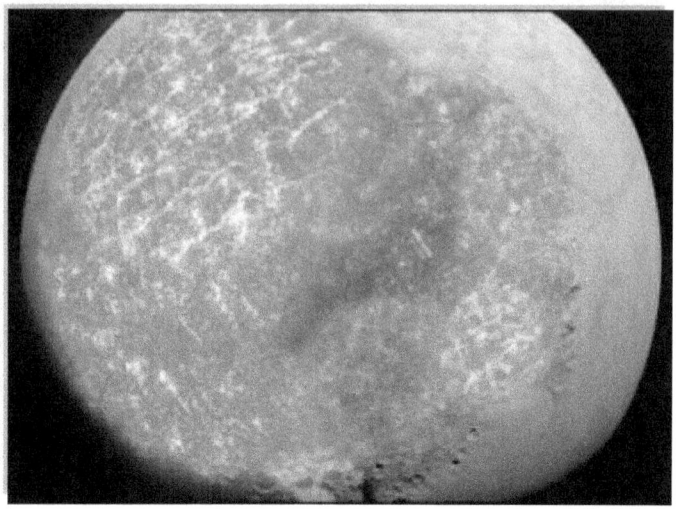

Imagen de la evolución geológica de la Luna.
Crédito: NASA/Goddard Space Flight
Center/Conceptual Image Lab.

- Crear un inventario, entender las relaciones y edades de las rocas no magmáticas.
- Estudiar cómo fue el proceso de vulcanismo, erupciones, secuencia de flujo de magma y composición.
- Comprender los procesos de impacto, cráteres y mezcla con la corteza lunar[35].

---

[35] *Artemis III, SDR (2020). "Nasa Artemis III Science Definition Report". Nasa.*

5.3. Entender el Origen y Carácter de los Elementos Volátiles[36] en los Polos Lunares

La Luna no es un mundo simple, compuesto de solo polvo y rocas; es un lugar rico en recursos y muy atractivo para la investigación. Conocer la composición del suelo y subsuelo lunar nos permitirá comprender otros mundos carentes de aire.

De ahí que estudiar esos recursos (por ejemplo, **el hielo de agua es un elemento volátil**) sea una de las prioridades del programa Artemisa. Algunas de las inquietudes que quieren aclarar los científicos son:

- Comprender los ciclos de los elementos volátiles[37].

- Identificar la composición de las superficies heladas en el polo sur.

- Comprender la distribución del hidrógeno en la superficie y el subsuelo lunar.

---

[36] *Volátiles: Los elementos volátiles son una de las prioridades tanto desde el punto de vista científico como de exploración, ya que pueden proveer recursos y combustible para las futuras misiones espaciales. Potasio, sodio y zinc son algunos de los elementos volátiles.*

37 Martínez, García & López (1998). "Materias primas de la Luna para emprender la colonización espacial". Martínez Juan, García Javier & López Fernando El País.
elpais.com/diario/1998/01/14/sociedad/884732416_850215.html

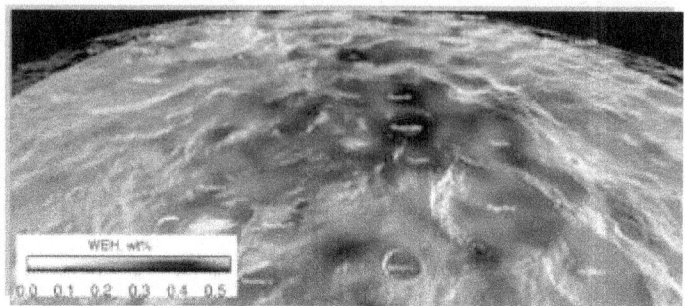

Mapa LEND de hidrógeno equivalente en agua polar. Vista en perspectiva de la abundancia estimada de hidrógeno equivalente en agua alrededor del polo sur lunar. Crédito: Mapa de Sanin et al. (2017) y superpuesto en LROC WAC

- Determinar las temperaturas del subsuelo lunar.

- Comprender los procesos de modificación del regolito cerca de la superficie.

- Entender cómo el vapor de agua y otros volátiles salen de la superficie lunar y migran a los polos donde son absorbidos en trampas de frío polar.

- Interpretar el historial de impactos en el sistema Tierra-Luna.

- Revelar la historia antigua del Sol.

Foto de la Tierra desde la Luna. Tomada por el Apolo 11 el 20 de julio de 1969. Crédito: Nasa.

- Observar el universo desde una perspectiva diferente a la de la Tierra.

- Realizar ciencia experimental en el entorno lunar.

- Investigar y mitigar los riesgos de la exploración interplanetaria para los seres humanos.

5.4. Implementación de los Objetivos Científicos

Completar satisfactoriamente estos objetivos significará el éxito de la misión Artemisa. Para cumplirlos se están desarrollando diferentes estrategias entre las cuales encontramos:

- Crear una línea de suministro de ciencia y tecnología desde la Tierra hasta la superficie de la Luna que será producida por los socios comerciales de la misión (SpaceX, Lockheed Martin, Boeing, Blue Origin, etc.).
- Desarrollar sistemas de movilidad para ampliar y mejorar las investigaciones en la superficie lunar.
- Crear nuevas alianzas internacionales para llevar nuevos instrumentos, vehículos espaciales, etc.
- A partir de pequeños satélites y desde la órbita lunar, obtener información científica sobre nuestro sistema solar.
- Utilizar los nuevos sistemas de exploración como la estación espacial Gateway o el H.L.S. (Sistema de Aterrizaje humano) para producir más y mejor ciencia.
- Liderar las misiones de Artemisa en la superficie lunar con el fin de llevar a cabo de forma exitosa exploraciones, investigaciones y experimentos científicos.

- Crear una ruta logística para que los componentes, sensores y tecnología puedan llegar fácilmente a la Luna para realizar ciencia en su superficie[38].

Astronautas tomando muestras de la superficie lunar. Crédito: Artemis Multimedia Catalog, Nasa. Imagen 30

5.5. Tecnología para la Investigación Científica en la Superficie Lunar

La iniciativa de innovación para la superficie lunar pretende, a través de alianzas y cooperación, tanto privada como internacional, construir estructuras y

---

[38] *Artemis III, SDR (2020). "Nasa Artemis III Science Definition Report". Nasa.*

ambientes sostenibles en la superficie lunar, resistentes, eficientes y replicables para futuras misiones a otros objetos estelares como Marte[39].

Infraestructura lunar. Crédito: Nasa

Los Principales Objetivos del Programa de Tecnología de Artemisa son:

---

[39] *LSII (2020). "Lunar Surface Innovation Initiative". Nasa, www.nasa.gov/directorates/spacetech/Lunar_Surface_Innovation_Initiative*

- A través de tecnología de punta, recolectar, almacenar y utilizar recursos en la Luna y otros cuerpos celestes.

- Construir infraestructura para tener energía constante, eficiente y segura de día y de noche.

- Reducir la contaminación y daños en los equipos, trajes, instrumentos, paneles solares y elementos por parte del polvo y el regolito lunar.

- Desarrollar tecnologías para ambientes extremos que permitan operar a pesar de los cambios extremos de temperatura en la superficie lunar.

- Crear tecnología para ambientes extremos que permita a los humanos o robots explorar lugares antes inaccesibles.

- Crear tecnologías eficientes de excavación y construcción que permitan fabricar estructuras y ambientes de forma autónoma[40].

---

[40] *LSII (2020). "Lunar Surface Innovation Initiative". Nasa, www.nasa.gov/directorates/spacetech/Lunar_Surface_Innovation_Initiative*

6. Presupuesto y Costos Estimados del Programa Espacial Artemisa

Los costos y la eficiencia en la ejecución del presupuesto del programa Artemisa son una de las claves para poder cumplir los objetivos exploratorios, científicos, tecnológicos, etc.

El programa Apolo se canceló por falta de fondos o reasignación, lo mismo ocurrió con el programa de transbordadores espaciales y exactamente igual con el programa soviético para visitar la Luna con el transbordador lunar Burán.

Burán, el transbordador espacial de la Unión Soviética. Crédito: Roscosmos.

Explorar el espacio es muy costoso, requiere muchísimos recursos económicos, humanos y capital político que se gastan si los objetivos no se cumplen y la sociedad pierde el interés.

Es un proceso similar al que se produjo con los exploradores en la antigüedad: Cristobal Colón, Marco Polo, etc. Emprender nuevos caminos es costoso y muy riesgoso.

> **Los principales componentes del programa Artemisa están basados en un presupuesto solicitado por la Nasa de USD 86.000.000.0000 (ochenta y seis mil millones de dólares). Este valor se estimó desde el año 2020 hasta 2025[41].**

Este presupuesto no tiene en cuenta otros programas de la Nasa para llevar y traer carga de la superficie lunar, así como otros programas con empresas privadas.

Estos son el cronograma y los costes estimados de los programas Artemisa y sus componentes:

---

[41] *Artemis Budget Update (2021). "Artemis Budget Update". Office of Inspector General.*

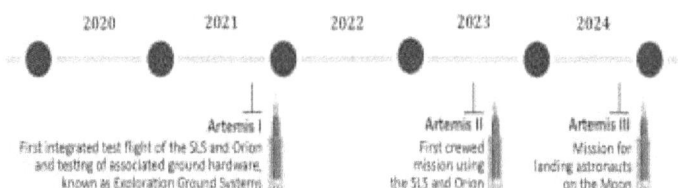

Cronograma de las misiones Artemisa para llevar astronautas a la Luna. Crédito: Oficina del Inspector General de la Nasa.

6.1. Resumen de Presupuesto del Programa Espacial Artemisa

Programa	Presupuesto estimado
Sistema de Lanzamiento Espacial (SLS)	$ 28.500.000.000
Cápsula Orión	$ 17.800.000.000
Sistema de Exploración terrestre (EGS)	$ 6.600.000.000
Gateway	$ 3.400.000.000
Sistema de alunizaje para Humanos	$ 19.400.000.000
Investigación, exploración y desarrollo	$ 9.800.000.000
Total a marzo 2021*	$ **85.500.000.000**

Presupuesto Artemisa a marzo 2021. Crédito: Oficina del Inspector General de la Nasa.

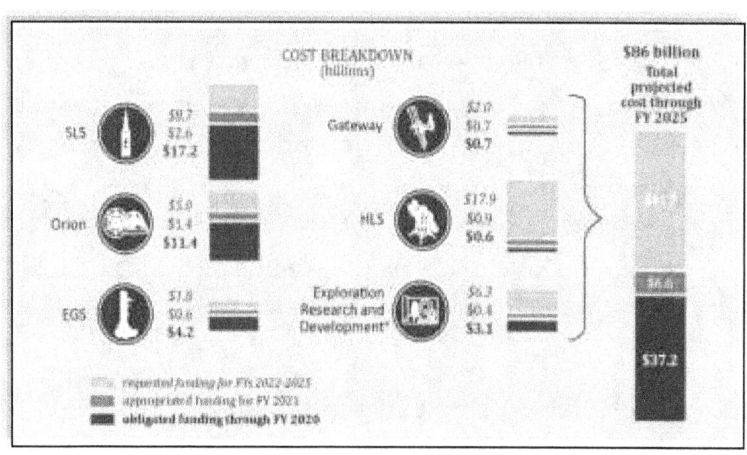

Presupuesto Artemisa a marzo 2021. Crédito: Oficina del Inspector General de la Nasa.

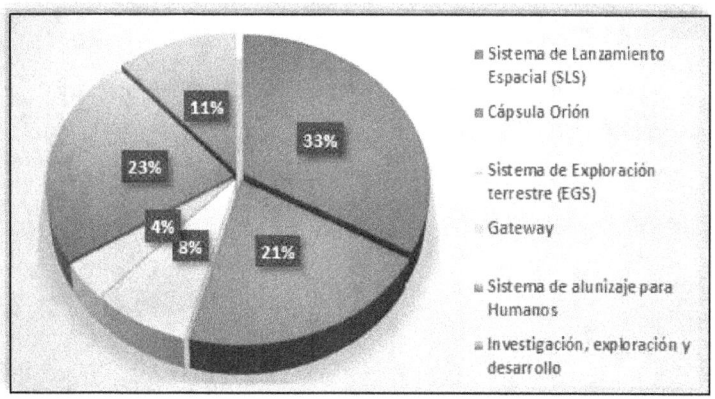

Distribución del presupuesto del programa espacial Artemisa a marzo 2021. Crédito: Oficina del Inspector General de la Nasa.

Hasta el momento, se han detectado incrementos de USD 2.000.000.000 (dos mil millones de dólares) solo en el SLS, así que este presupuesto se va a incrementar en la medida en que avancen los proyectos, las fechas se pospongan, y nuevos retos y dificultades vayan surgiendo. La pandemia del COVID-19 también ha impactado los cronogramas y eventualmente los costos[42].

6.2. Retorno de la Inversión de la Colonización Lunar

Explorar el espacio es muy costoso e insostenible en el tiempo si no se consigue encontrar un retorno de la inversión que permita financiar misiones más largas y complejas.

Específicamente en la Luna, hemos encontrado la posibilidad de utilizar económicamente un recurso existente en su superficie. Se llama Helio 3.

---

[42] *Artemis Budget Update (2021). "Artemis Budget Update". Office of Inspector General*

6.3. ¿Qué es el Helio 3 y por qué es tan Importante?

> El Helio es el segundo elemento más abundante en el universo, después del hidrógeno.

Ocupa entre 24% y 26% del total de la masa de las estrellas. La mayoría fue creada durante el Big Bang, aunque también se produce al interior de las estrellas (como nuestro sol), por medio de la Fusión Nuclear.

El Helio normal tiene 2 protones y 2 neutrones en su núcleo, así como 2 electrones orbitando:

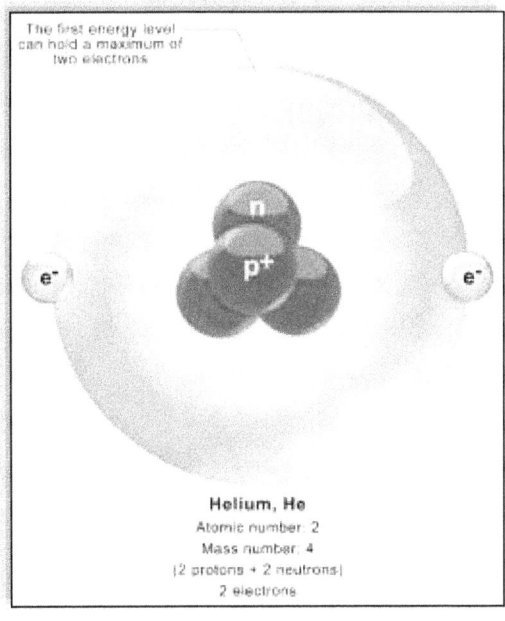

Átomo de Helio normal. Compuesto por 2 protones y 2 neutrones en su núcleo. Crédito: Wikimedia

Sin embargo, el Helio que buscamos en la Luna es diferente. Se llama Helio 3.

El Helio 3 es muy escaso en la tierra. Es un elemento químico ligero, compuesto por dos protones y un neutrón[43]

Átomo de Helio 3. Compuesto por 2 protones y un solo neutrón en su núcleo.
Crédito: Xataka

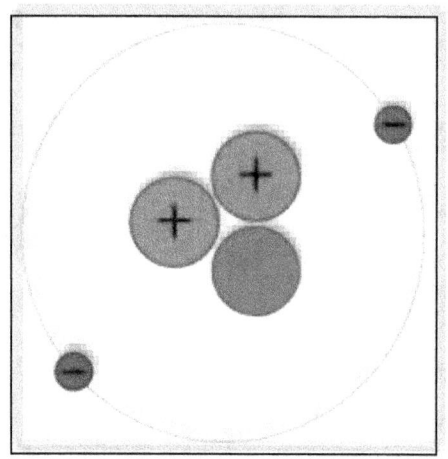

El Helio que había en cantidades suficientes se perdió durante la evolución geológica de la tierra; el que hay es escaso y está muy lejos de la superficie, y el que podría

[43] *Barrado Navascués, David (2019). "La exploración de la Luna: ¿una nueva carrera espacial?". Centro de Astrobiología INTA-CSIC. Universidad de Valencia, Uv.es. www.uv.es/uvweb/unidad-cultura-cientifica-innovacion-catedra-divulgacion-ciencia/es/the-conversation/exploracion-luna-nueva-carrera-espacial-1286096356772/GasetaRecerca.html?id=1286093143261*

venir del Sol es bloqueado por nuestra atmósfera y por el campo magnético terrestre[44].

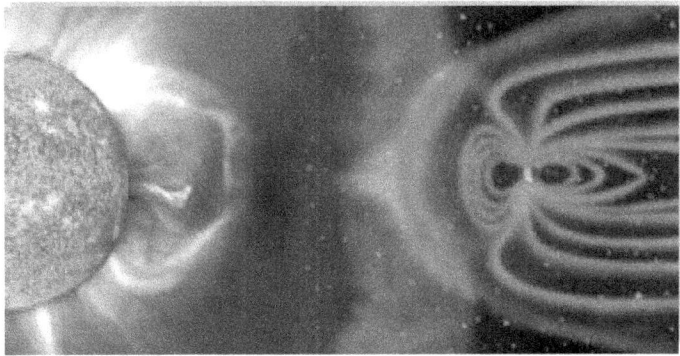

Impresión artística del viento solar cuando viaja desde el Sol y se encuentra con la magnetosfera de la Tierra. Esta imagen no está a escala. Crédito: SpaceWeatherLive.

Como la Luna tiene una atmósfera muy débil y no tiene campo magnético, el helio 3 llega sin obstáculos a su superficie, con el paso del tiempo se ha ido acumulando y se puede encontrar entre las rocas y el polvo lunar.

Por otra parte, uno de los problemas más graves que tenemos en la Tierra es la producción de energía con base

---

[44] *López, Juan (2019). "Hay al menos una razón por la que merece la pena volver a la Luna: recoger su abundante helio-3 y usarlo en la fusión nuclear", Xataka.com. www.xataka.com/investigacion/hay-al-razon-que-merece-pena-volver-a-luna-recoger-su-abundante-helio-3-usarlo-fusion-nuclear*

en combustibles fósiles, que han contaminado el planeta y están provocando y acelerando el calentamiento global.

De ahí que científicos de todo el mundo estén trabajando contra el tiempo para crear fuentes limpias e ilimitadas de energía, y una de ellas es imitar la fusión nuclear (la misma energía que se produce dentro del Sol).

El reactor de fusión nuclear ITER, será el mayor del mundo. En este proyecto colaboran 35 países. Crédito: ITER

Para realizar el proceso de fusión (y generar la cantidad de energía esperada), los científicos fusionan átomos de deuterio ^2H y de tritio ^3H a temperaturas altísimas, de los cuales se forma un átomo de Helio 4 y queda sobrando un neutrón de alta energía (que es difícil de manejar por los residuos radiactivos).

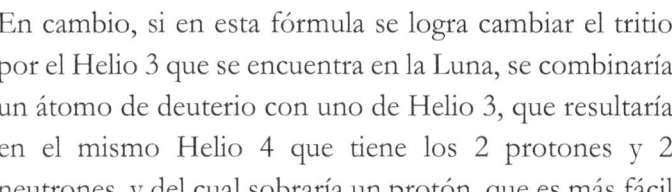

En cambio, si en esta fórmula se logra cambiar el tritio por el Helio 3 que se encuentra en la Luna, se combinaría un átomo de deuterio con uno de Helio 3, que resultaría en el mismo Helio 4 que tiene los 2 protones y 2 neutrones, y del cual sobraría un protón, que es más fácil de manejar como residuo nuclear[45].

Y ese cambio en el resultado hace toda la diferencia.

La Luna nos podría proveer energía limpia e ilimitada (y así, ayudarnos a depender menos de los combustibles fósiles). Esta es una de las grandes apuestas por colonizar la Luna, traer Helio 3 para generar energía limpia en la Tierra.

Es un proceso muy complejo, todavía nos falta producir energía de fusión nuclear de forma estable y económicamente viable acá en la Tierra, y después tenemos que hacer también económicamente viable la extracción, explotación y transporte del Helio 3 de la Luna a la Tierra.

Pero tener un recurso importante y útil en la Luna, es otra buena razón para emprender este viaje.

---

[45] *López, Juan (2019). "Hay al menos una razón por la que merece la pena volver a la Luna: recoger su abundante helio-3 y usarlo en la fusión nuclear", Xataka.com. www.xataka.com/investigacion/hay-al-razon-que-merece-pena-volver-a-luna-recoger-su-abundante-helio-3-usarlo-fusion-nuclear*

7. Retos Físicos y Psicológicos de la Conquista Espacial

La colonización del espacio va a exigir al cuerpo humano como ningún otro ambiente en el que hayamos vivido antes.

La atmósfera y el campo magnético terrestre son nuestros protectores naturales y cuando salgamos de ellos tendremos que estar muy bien preparados para resistir las difíciles condiciones en el espacio exterior.

La delgada línea de la atmósfera terrestre y el sol poniente aparecen en esta imagen fotografiada por la tripulación de la Estación Espacial Internacional mientras el transbordador espacial Atlantis en la misión STS-129 estaba acoplado a la estación. La fuente

indica el nombre, "Thin Blue Line, o Pequeña Línea Azul".
Crédito: NASA, 25 de noviembre de 2009.

Todavía nos falta entender mejor los cambios (sobre todo a largo plazo) que implican para el cuerpo humano las largas estadías en el espacio exterior.

7.1. El Espacio Exterior y sus Efectos en el Cuerpo Humano

La Nasa tiene una clasificación de los 5 mayores riesgos que tienen los seres humanos durante los viajes interplanetarios y las colonizaciones de la Luna y Marte:

1. **Radiación cósmica:** Este es tal vez el más complejo de los riesgos que corremos los seres humanos en el espacio exterior. La radiación Cósmica está compuesta básicamente por ondas de partículas subatómicas (más pequeñas que un átomo y normalmente protones) que viajan a casi la velocidad de la luz y transportan energía de un lugar a otro[46].

La radiación es invisible, pero de forma excesiva puede producir cáncer, daños en el sistema nervioso central,

---

[46] *Hazards (2019). "5 Hazards of Human Spaceflight"- Nasa.gov.*
Recuperado de https://www.nasa.gov/hrp/5-hazards-of-human-spaceflight

alterar las funciones cognitivas, afectar el ADN, reducir la función motriz y afectar el estado de ánimo.

Todas consecuencias muy graves para cumplir un objetivo tan importante como asegurar la supervivencia de nuestra especie en otro planeta.

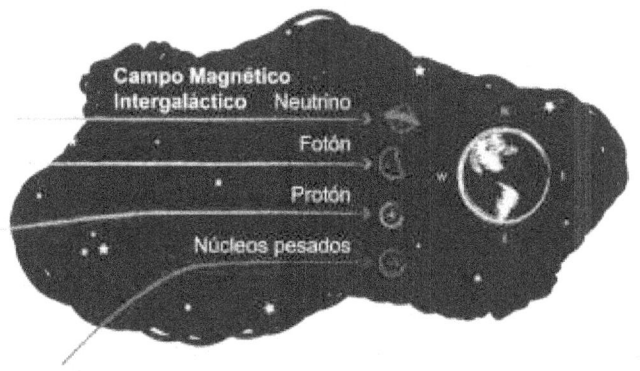

Las partículas cargadas, como los protones u otros núcleos más pesados, se doblan cuando viajan a través de campos magnéticos; las partículas neutras, como los fotones o los neutrinos, no. Todas ellas componen los rayos cósmicos. Crédito: Ice Cube Master Class.

La Radiación Cósmica se genera en nuestro Sol y las demás estrellas de nuestro universo, las cuales emiten un flujo permanente de rayos cósmicos. Nuestros protectores naturales en la Tierra son el campo magnético y la atmósfera.

En el espacio exterior y en la Luna carecemos de esta protección y de ahí que tanto la infraestructura como los trajes sean indispensables para proteger a los astronautas.

Ilustración de un astronauta recibiendo radiación cósmica.
Crédito: SciTechdaily

La Estación Espacial Internacional (ISS) está ubicada dentro del campo magnético terrestre; aun así, sus ocupantes están expuestos a cerca de 10 veces la radiación en la Tierra.

¿De dónde sale esta radiación? la mayoría viene del Sol, en forma de luz visible y ultravioleta, aunque cuando se presentan erupciones solares pueden venir en forma de rayos X o rayos gama.

Estos eventos esporádicos del ciclo solar pueden ser muy dañinos para los astronautas y sus equipos. De ahí que sea uno de los mayores riesgos físicos que tendrán los colonizadores interplanetarios[47].

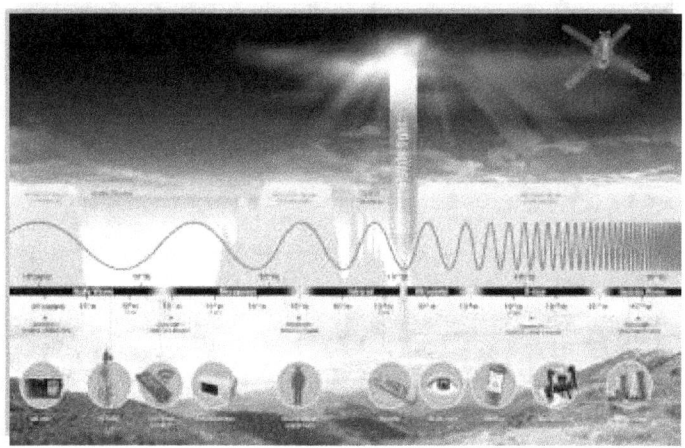

El espectro electromagnético. Crédito: Nasa.

También pueden venir de supernovas, fusiones de estrellas o de la energía despedida por un agujero negro que absorbe gran cantidad de materia.

El espacio exterior está inundado de radiación cósmica.

[47] *Hazards (2019). "5 Hazards of Human Spaceflight"- Nasa.gov. Recuperado de https://www.nasa.gov/hrp/5-hazards-of-human-spaceflight*

2. Gravedad: En la Luna los astronautas experimentarán aproximadamente 1/6 de la gravedad terrestre (la gravedad lunar es de $1.62m/s^2$), lo que conlleva grandes riesgos a largo plazo para los colonizadores.

Astronauta Eugene Cernan saltando en la Luna, Apolo 17, 1972. Crédito: Nasa

Nuestro cuerpo está diseñado para funcionar adecuadamente con una aceleración vertical de 9.806 m/s2, así que cualquier cambio drástico traerá consecuencias para el cuerpo humano.

El astronauta de la NASA Reid Wiseman, ingeniero de vuelo de la Expedición 40, equipado con un arnés bungee, hace ejercicios en la caminadora T2. Crédito: ISS/Nasa

Entre los riesgos asociados a la falta de gravedad están la osteoporosis, debilidad muscular, estiramiento de la columna vertebral, etc.

En la estación espacial internacional los astronautas hacen ejercicio 2,5 horas diarias durante 6 días a la semana para contrarrestar estos efectos.

7.2. Psicología Humana en Condiciones Extremas

3. **Aislamiento y confinamiento:** Acá entramos en el difícil terreno de pronosticar el comportamiento humano en el espacio exterior.

Somos seres sociales muy complejos y, por más entrenamiento que tengamos, estar expuestos a periodos de confinamiento muy largos puede producir estrés, cambios en el ciclo circadiano, pérdida de sueño, etc.

El astronauta Scott Kelly dentro de un simulador Soyuz en el Centro de Entrenamiento de Cosmonautas Gagarin en Star

City, Rusia, en preparación para viajar a la Estación Espacial Internacional. Crédito Bill Ingalls/NASA. Scott Kelly

Estos síntomas reducirán la capacidad de los astronautas de llevar a cabo su trabajo adecuadamente y pueden generar conflictos en las colonias.

Distancia de la Tierra: Estar en un planeta a miles o millones de kilómetros de nuestra familia y amigos, del mar, de la naturaleza, de nuestro hogar, con potenciales riesgos para nuestra salud y, eventualmente, poner en riesgo nuestra vida, pueden causar cambios en el comportamiento (ansiedad, estrés, frustración, etc.), que podrían afectar el desempeño de los tripulantes que buscarán la colonización interplanetaria[48].

La Nasa está diseñando métodos de monitorización de comportamiento para identificar problemas psicológicos asociados al aislamiento prolongado y la distancia de nuestro planeta.

---

[48] *Netflix Mars (2016). "Mars". Netflix.com. Documental y serie de 2 temporadas sobre la colonización de Marte, con testimonios de personas reales involucradas en la colonización de Marte y sus retos, incluyendo a Elon Musk, Robert Zubrin, etc.*

Punto azul pálido, la famosa fotografía de la Tierra tomada por la sonda Voyager 1 a petición de Carl Sagan. "Pale blue dot". Crédito: NASA.

4. **Ambientes cerrados:** Los colonizadores se encontrarán en lugares cerrados, con muchas personas y pasará mucho tiempo antes de poder volver a la Tierra; estarán muy juntos, compartiendo los microorganismos que viven en sus cuerpos, lo que podrá generar enfermedades.

El diseño adecuado de los ambientes donde los astronautas pasarán la mayoría de su tiempo será muy importante para el éxito a largo plazo de la colonización espacial:

Nueve miembros de la tripulación se reúnen para un retrato grupal en la Estación Espacial Internacional. Crédito: Nasa.

Iluminación, ventilación, temperatura, espacios comunes, alimentos, entretenimiento, privacidad serán elementos de diseño indispensables para garantizar el buen desempeño y tranquilidad de los astronautas.

Estos ambientes nos ayudarán a comprender el comportamiento humano bajo circunstancias extremas y nos permitirán aprender, y hacer cambios y ajustes para misiones más largas a Marte o al espacio profundo.

Concepto de vivienda lunar impresa en 3D para alojar astronautas, científicos y turistas.
Crédito: Mahdi Eghbali Amlashi

Además de los riesgos más representativos, encontramos también:

Cambios Neurológicos en los Astronautas: Nuevos estudios neurológicos, llevados a cabo sobre 12 Cosmonautas Rusos, analizando más de 172 días en el espacio, y utilizando escáneres de resonancia magnética de difusión (dMri), explican que el cerebro experimenta reconexiones mientras se adapta al nuevo ambiente al que se expone (espacio exterior en este caso).

En la investigación se ha encontrado que los tractos neurales de las funciones motoras y sensoriales han cambiado para adaptarse al ambiente de microgravedad.

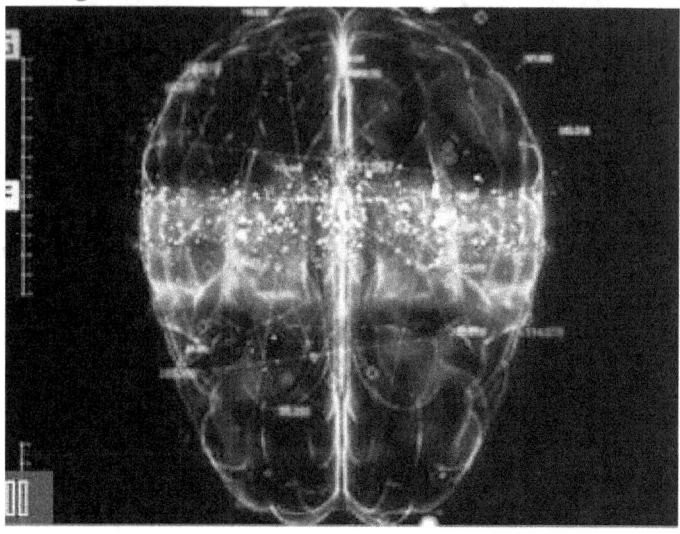

Los resultados muestran cambios microestructurales significativos en varios tractos de materia blanca, como los tractos sensoriomotores. El estudio puede formar una base para futuras investigaciones sobre el alcance completo de los cambios cerebrales durante la exploración espacial. Crédito: ScienceTechDaily

Inicialmente, los investigadores creyeron que habían detectado cambios en el cuerpo calloso (la vía central que conecta ambos hemisferios del cerebro), pero en un análisis más detallado encontraron una expansión de los ventrículos del cerebro: una red de cámaras que se comunican, llenas de líquido, que se asientan junto al cuerpo calloso.

"Los cambios estructurales que encontramos inicialmente en el cuerpo calloso en realidad son causados por la dilatación de los ventrículos que inducen cambios anatómicos del tejido neural adyacente", dice el neurocientífico Floris Wuyts, de la Universidad de Amberes en Bélgica[49].

Es decir que necesitamos continuar estudiando las consecuencias que tienen los ambientes extraterrestres en el cuerpo humano.

8. Ética de la Colonización Espacial

En un contexto de viajes espaciales, tecnología de ciencia ficción, supervivencia extraterrestre y emprendimientos interplanetarios, parecería secundario hablar sobre ética, pero este es precisamente el lugar y el momento adecuado para cuestionar nuestro papel tanto en la Tierra

---

[49] *David Neild, Signs of 'Significant' Brain Rewiring Have Been Found in Space Travelers, ScienceAlert, sciencealert.com/the-brains-of-space-travelers-get-rewired-to-adapt-to-their-new-environments. Investigación: Universidad de Antwerp, Bélgica.*

como en el Universo, y la forma como nos comportamos como especie con nosotros mismos y con otras especies.

La reciente guerra en Ucrania, con más razón, nos obliga a pensar en estos temas.

Para poder dar el salto interplanetario y colonizar otros mundos y lunas tanto en el sistema solar como fuera de él, es importante aclarar quiénes somos, hacia dónde vamos, qué hacemos y por qué lo hacemos.

De otra forma solo conseguiremos comportarnos igual que en la Tierra y nunca cerraremos el círculo de competencia y desigualdad de la Tierra.

8.1. Acuerdos Artemisa

Los acuerdos Artemisa son un grupo de compromisos adquiridos por los países firmantes para comportarse en el espacio durante el proceso de colonización de la Luna y Marte. Se derivan de los acuerdos del espacio de 1967.

Su objetivo principal es regular el uso del espacio exterior, evitar conflictos y facilitar el entendimiento y la comprensión en la Tierra.

Los países que firman los acuerdos se comprometen a:

1. **Exploración pacífica:** todas las actividades realizadas bajo el programa Artemisa deben tener fines pacíficos.

2. **Transparencia:** los países firmantes llevarán a cabo sus actividades en el espacio de manera transparente para evitar confusiones y conflictos.

3. **Interoperabilidad:** las naciones firmantes que participan en el programa Artemisa se esforzarán por respaldar los sistemas interoperables para mejorar la seguridad y la sostenibilidad.

4. **Asistencia de emergencia:** los signatarios se comprometen a brindar asistencia al personal en peligro.

5. **Registro de objetos espaciales:** Cualquier nación que participe en Artemisa debe ser signataria de la Convención de Registro o convertirse en signatario con prontitud.

6. **Publicación de datos científicos:** los signatarios se comprometen a publicar la información científica, lo que permite que todo el mundo pueda recibir los beneficios de la exploración espacial

7. **Preservar el patrimonio:** los signatarios de los Acuerdos de Artemisa se comprometen a preservar el patrimonio del espacio exterior

8. **Recursos espaciales:** la extracción y utilización de recursos espaciales es clave para una

> exploración segura y sostenible, y los signatarios de los Acuerdos afirman que tales actividades deben llevarse a cabo de conformidad con el Tratado del Espacio Exterior.

Los países fundadores de los acuerdos Artemisa son:

- **Australia**
- **Canadá**
- **Italia**
- **Japón**
- **Luxemburgo**
- **Emiratos Árabes Unidos**
- **Reino Unido**
- **Estados Unidos de América**

Cuando estemos en la Luna, después de probar toda la capacidad de nuestra tecnología y luego de aprender a convivir en el espacio exterior, estaremos dando un gran paso para colonizar Marte, la siguiente gran aventura del ser humano y el planeta donde podríamos habitar durante miles o millones de años.

LIBRO II: LA COLONIZACIÓN DE MARTE

Concepto artístico de la primera huella humana en Marte.
Crédito: Nasa/JPL/Caltech

Marte, así se ve el hemisferio Valles Marineris. Es un mosaico de la sonda espacial Viking Orbiter. En el centro se encuentra el Valles Marineris, de más de 2.000 kilómetros de largo y hasta 8 kilómetros de profundidad. Crédito: JPL-Caltech / NASA.

132

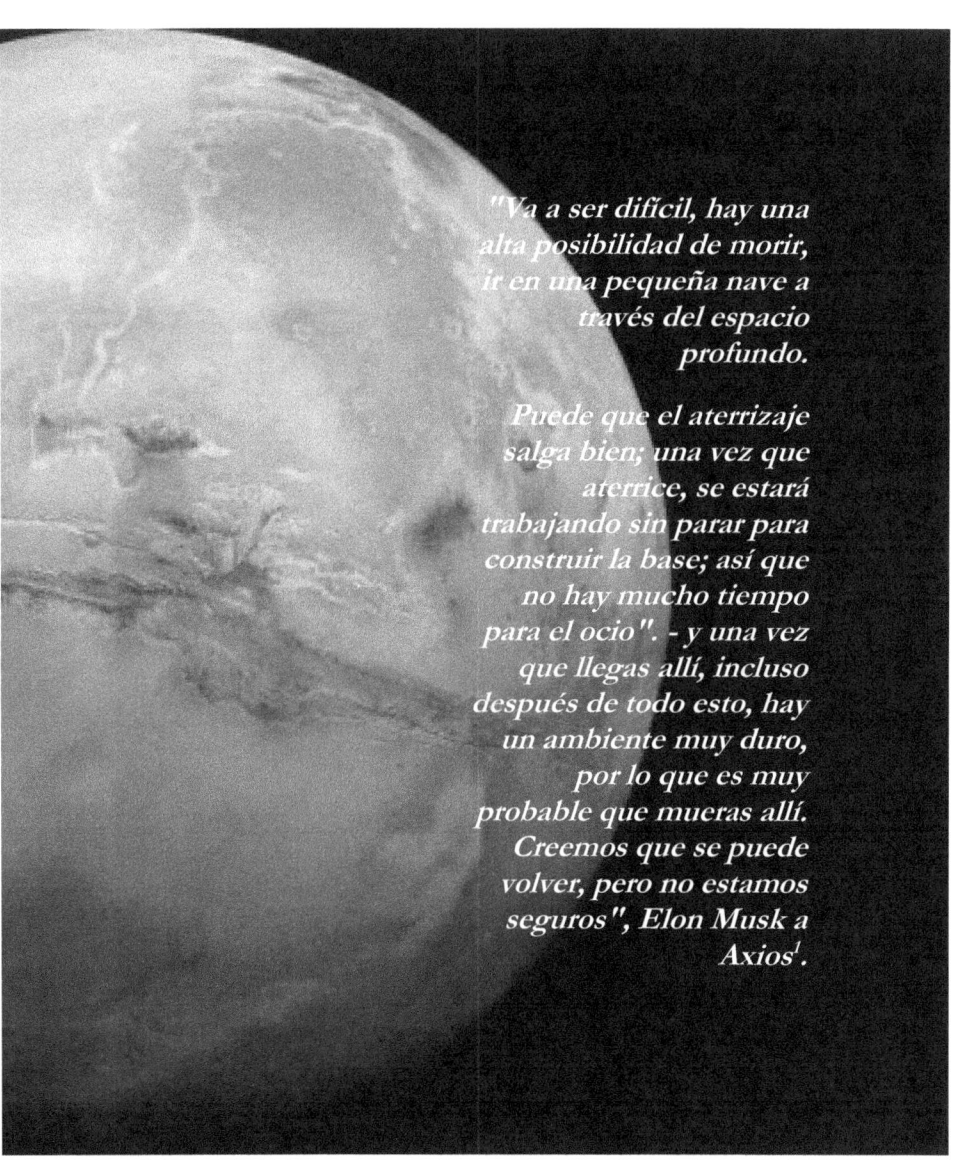

"Va a ser difícil, hay una alta posibilidad de morir, ir en una pequeña nave a través del espacio profundo.

Puede que el aterrizaje salga bien; una vez que aterrice, se estará trabajando sin parar para construir la base; así que no hay mucho tiempo para el ocio". - y una vez que llegas allí, incluso después de todo esto, hay un ambiente muy duro, por lo que es muy probable que mueras allí. Creemos que se puede volver, pero no estamos seguros", Elon Musk a Axios[1].

133

9 ¿Qué es Marte?

Marte es el planeta más accesible, cercano y parecido a la Tierra en el sistema solar; también podría darnos respuestas sobre el origen y evolución de la vida en el sistema solar. Así como ser un refugio de largo plazo para nuestra especie.

Vista del volcán Olympo en Marte, el volcán más grande conocido en el sistema solar. Mide 603 kilómetros de ancho en su base, y las paredes del volcán se elevan 24 kms sobre las llanuras marcianas. Crédito: Forbes / © CORBIS / Corbis, Getty Images.

Marte es nuestro planeta hermano, nos ha acompañado a lo largo de nuestra historia planetaria y de la humanidad.

Nombrado así por los Romanos en honor al dios de la guerra (tomado del mismo dios en la mitología griega,

Ares). En latín se denominaba Mārs; Marte era hijo de los dioses Júpiter y Juno[3].

Lo llamamos también el "Planeta Rojo", debido a que así lo vemos desde la tierra. Su color rojizo se debe al óxido de hierro presente en su superficie[4]. Marte ha sido objeto de todo tipo de especulaciones y nuestra mayor fuente de inspiración en cuanto a vida extraterrestre.

Marte, dios de la guerra Romano. Crédito: Dreamstime.com

---

[3] *Marte, Dios de la guerra de los Romanos, Mediateca - Instituto Nacional de Antropología e Historia,*
mediateca.inah.gob.mx/islandora_74/islandora/object/fotografia:318746#
[4] *Sharp, Tim (2017). "What is Mars Made Of? | Composition of Planet Mars". Space.com. https://www.space.com/16895-what-is-mars-made-of.html*

9.1 Características Físicas, Superficie, Atmósfera, Distancia y Recursos

Marte es un planeta rocoso como el nuestro, se encuentra a una distancia media de 225 millones de kilómetros (la distancia más corta, cuando las órbitas se acercan es de 54,6 millones de kilómetros, y la más lejana es de 400 millones de kilómetros).

Sabemos, por los datos recopilados por las sondas y rovers que hemos enviado que posee elementos esenciales para contener vida como el agua, además de tener otras coincidencias importantes con la Tierra[5]:

- Tiene estaciones muy parecidas a las de la Tierra.

- Sus días de rotación se llaman Soles, y duran 24.6 horas, casi la misma duración que un día en nuestro planeta.

- Un año marciano, es decir, el tiempo que tarda en dar una órbita completa alrededor del Sol es de 687 días[6] (p.65).

---

[5] *Barrado Navascués, David (2014)." La Tierra y Marte: ¿gemelos o hermanastros?". BBVA OpenMind.*
https://www.bbvaopenmind.com/ciencia/fisica/la-tierra-y-marte-gemelos-o-hermanastros/
[6] *Puerta, Germán (2003). "Marte, al Encuentro del Planeta Rojo". Editorial Planeta, p.65.*

- Es un planeta geológicamente activo[7].

La Tierra vista desde Marte por el Rover Curiosity. Crédito: Nasa/JPL Caltech. Cerca de 80 minutos después del atardecer marciano.

Las últimas mediciones de la misión Insight de la Nasa en Marte, arrojaron importantes resultados a partir de los datos recopilados, entre ellas la del ETH de Zurich. Utilizando el sismómetro para medir terremotos marcianos "Martemotos" [8]. Los científicos lograron establecer:

[7] *Stähler, Simon (2021). "Seismic detection of the Martian core. Science". ETH Zurich. p. 443-448. doi:10.1126/science. abi7730. Recuperado de http://www.insight.ethz.ch/en/home/*

[8] *Khan, Amir (2021). "Upper mantle structure of Mars from InSight seismic data. Science". ETH Zurich. p. 434-438. http://www.insight.ethz.ch/en/home/*

- El núcleo de Marte mide cerca de 1,840 kilómetros de diámetro y es líquido (por esa razón no tiene un campo magnético que lo proteja del Sol, como el de la Tierra, que es sólido).

- Su núcleo contiene elementos (aparte de hierro y níquel) como azufre, oxígeno, carbono e hidrógeno.

- La corteza marciana mide entre 24 y 72 kilómetros de grosor.

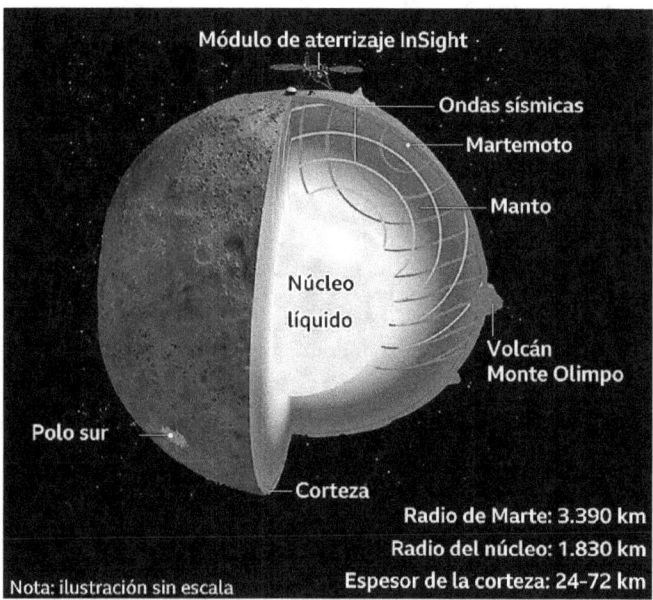

Las capas interiores de Marte. Crédito: S. Cottaar, P. Koelemeijer, J. Winterbourne, BBC, con información de la misión Insight de la Nasa.

- Marte posee sólo una placa tectónica (en comparación, la Tierra tiene 7).

- El manto marciano contiene más hierro que el de la Tierra. En algún momento de su historia, Marte estuvo completamente derretido[9].

Su atmósfera está compuesta por:

- **Dióxido de carbono:** 95.3% (si, el mismo que utilizan las plantas), el problema es que su atmosfera es tan delgada que no protege suficientemente contra la radiación solar, por lo que no es posible por ahora utilizar su suelo para cultivar sin protección adicional.
- **Nitrógeno:** 2.7%.
- **Argón:** 1.6%.
- **Oxígeno, monóxido de carbono y vapor de agua:** 1%[10].

Los científicos creen que Marte perdió su magnetósfera hace cerca de 4.000 millones de años, que habría protegido al planeta del viento solar y los rayos cósmicos.

---

[9] *Stähler, Simon (2021). "Seismic detection of the Martian core. Science". ETH Zurich. p. 443-448. doi:10.1126/science. abi7730. Recuperado de http://www.insight.ethz.ch/en/home/*
[10] *Puerta, Germán (2003). "Marte, al Encuentro del Planeta Rojo". Editorial Planeta, p.66.*

También se ha detectado metano, lo que ha llevado a especular sobre antigua vida microbiana.

Atmósfera Marciana. Crédito Nasa.

Las huellas de antiguos lagos y ríos de agua nos dan luces sobre esta emocionante posibilidad.

Hay varios proyectos para revelar si esto es cierto o no, entre ellos los Rovers (vehículo de exploración espacial) Curiosity y Perseverance, que es la primera misión astrobiológica de la Nasa, y el vehículo espacial ExoMars de las agencias espaciales Roscosmos y ESA, programado para 2022 (pero aplazado por la guerra en Ucrania).

Fobos, fotografiada por la sonda espacial Mars Reconnaissance Orbiter, en 2008. Crédito: Nasa

Marte tiene aproximadamente la mitad del tamaño de la tierra, su diámetro es de 6,792 kms. Lo orbitan 2 lunas: Fobos y Deimos; se cree provienen del cinturón de asteroides (por su forma irregular), y que fueron capturados por su fuerza de gravedad[11].

---

[11] *Greenwich (1993). "El Sistema Solar". Departamento de Servicios de Información del Royal Greenwich Observatory.*

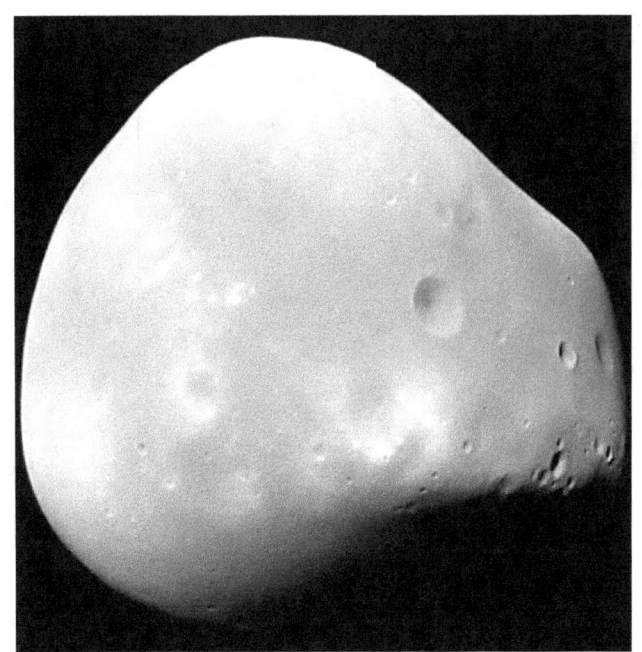

Deimos, fotografiada por la sonda espacial Mars Reconnaissance Orbiter, en 2009. Crédito: Nasa.

9.2 Origen del Sistema Solar y Marte

La historia de nuestro Sistema Solar comienza hace cerca de 4.600 millones de años cuando una gran nube de gas y polvo, por efecto de la gravedad, colapsó sobre su núcleo y empezó a girar[12].

Aunque por obvias razones no vimos el nacimiento de nuestro sistema solar, los científicos pueden inferirlo por observaciones de otros sistemas más jóvenes y por medio de simulaciones computarizadas.

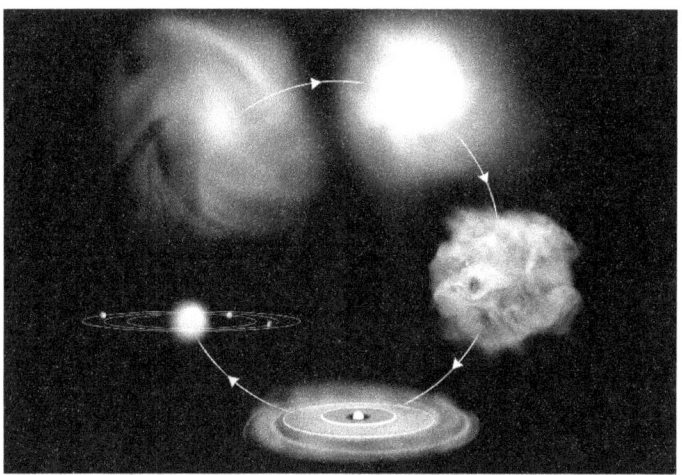

Formación del Sistema Solar. Crédito: SolarStory.net

Sabemos que en los lugares de esta gran nebulosa donde había más materia (estaba muy concentrada y densa), esta comenzó a compactarse y a calentarse; y varios millones de años después de haberse unido, cuando esta gravedad era muy fuerte, la naciente protoestrella dio comienzo al

---

[12] *Greg Henry, Astrónomo, Universidad de Tennessee, Teoría de acreción de núcleo, con soporte de Nasa y observaciones de los observatorios de Japón, Mount Hopkins, Arizona y la Fundación Nacional de Ciencia.*

proceso de fusión nuclear (convertir Hidrógeno en Helio).

De esta forma nació nuestro Sol (que contiene el 99% de la masa del Sistema Solar) en el centro de esta nebulosa.

Posteriormente el Sol comienza a expulsar viento solar, mientras que el material restante, formado por elementos más pesados comenzó a agruparse para formar los planetas rocosos (Mercurio, Venus, La Tierra y Marte).

Representación artística de la formación del sistema solar.
Crédito: Nasa.

Aunque hay varias teorías para explicar la formación de los demás planetas del sistema solar (los gigantes gaseosos), la teoría de Acreción del Núcleo nos explica que este mismo viento solar, por la gran distancia, no tuvo el mismo efecto en los planetas más lejanos, y de esta forma los gases si pudieron unirse para crear a Saturno, Júpiter, Urano y Neptuno.

De esta forma quedó conformado nuestro sistema solar, con los planetas rocosos cerca al Sol y los gaseosos mucho más lejanos.

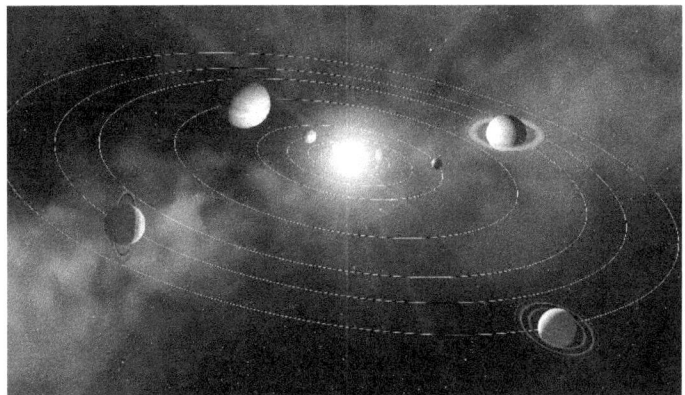

Representación del sistema solar. Crédito: Mark Garlick

9.3 ¿Marcianos?

Con el desarrollo de mejores telescopios durante el siglo XIX, se comenzaron a ver detalles de la superficie marciana.

En 1877 el famoso Astrónomo Italiano Giovanni Schiaparelli describió que veía "Canali", (Cauce en español)[13], que fueron erróneamente traducidos al inglés como "Canals o Channels", y que se interpretaron como construcciones artificiales, que llevaron a pensar que

_____

[13] *Puerta, Germán (2003). "Marte, al Encuentro del Planeta Rojo". Editorial Planeta.*

había canales de agua artificiales creados por civilizaciones inteligentes.

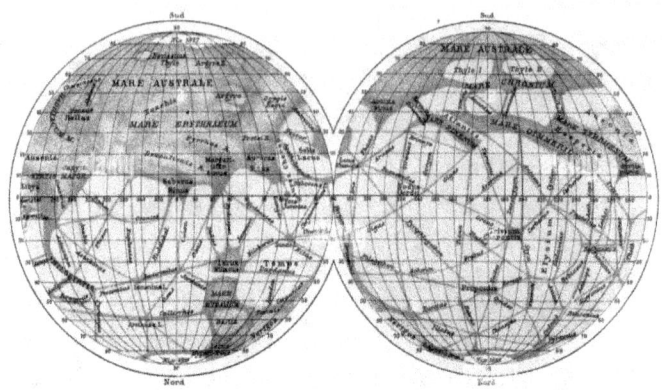

Así se veían los "Canales" que describía el astrónomo Giovanni Schiaparelli en 1877, director del observatorio Brera en Milán. Crédito: Planeta errante.com

De ahí que los "marcianos" desde hace siglos estén presentes en el imaginario popular[14] y de esa suposición hayan surgido todo tipo de teorías conspirativas.

Hasta la carrera espacial entre la Unión Soviética y Estados Unidos durante la segunda mitad del siglo XX, la sonda Mariner 4 de Estados Unidos (que fue la primera en sobrevolar y tomar fotos exitosamente de Marte en los años 60´s), se confirmó que no había civilizaciones

---

[14] *Britannica (2021). "Giovanni Virginio Schiaparelli". Britannica.com. https://www.britannica.com/biography/Giovanni-Virginio-Schiaparelli*

desarrolladas en el planeta rojo, como erróneamente habíamos creído[15].

Sonda Mariner 4 de Estados Unidos. Crédito: Nasa.

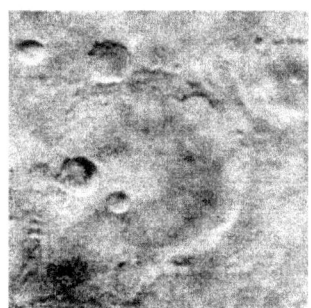

En julio de 1965 la sonda Mariner 4 envió la primera foto de Marte. Crédito: Nasa

Aunque también nos enseñó que era posible que tuviera hielo y agua salada, lo que se comprobó décadas más tarde con las observaciones de los vehículos espaciales de la Nasa y el Mars Express de la Agencia Espacial Europea (ESA).

---

[15] *Perminov, V.G. (1999). "The Difficult Road to Mars". A Brief History of Mars Exploration in the Soviet Union. A Joint Publication of the Nasa History Division Office of Policy and Plans and Office of Space Science. p.19*

10 Principales Misiones Robóticas en Marte

Marte ha sido desde siempre uno de los mejores lugares para albergar vida pasada o presente en el sistema solar, aparte de nuestro planeta Tierra. En ese sentido se han enviado innumerables sondas robóticas con misiones científicas para entender mejor esa posibilidad.

Es interesante ver que, a través del tiempo, las diferentes misiones han aportado una mejor comprensión del planeta rojo, es decir, el conocimiento que tenemos se ha ido construyendo con la información que hemos recibido de las diferentes misiones.

Un ejemplo claro de esto es la detección de metano por parte del Rover Curiosity de la Nasa en 2019, posteriormente confirmado desde el espacio por la sonda Mars Express de la ESA. Así va colaborando la humanidad en la comprensión de nuestro universo.

10.1 INSIGHT: *Mars Lander,* Módulo de Aterrizaje Marciano

InSight, *Interior Exploration using Seismic Investigations, Geodesy and Heat Transport* o Exploración Interior

Mediante Investigaciones Sísmicas, Geodesia y Transporte de Calor[16].

Ilustración de un artista de cómo se ve Insight en la superficie de Marte. Crédito: Nasa

Es una misión desarrollada por NASA en conjunto con Lockheed Martin Space, lanzada en 2018 con el objetivo principal explorar el interior de Marte. Conocer su estructura (núcleo, corteza y manto). Aunque inicialmente fue planeada por 2 años, lleva más de 1269 soles (días marcianos) produciendo ciencia en el suelo marciano.

---

[16] *InSight Mars Lander | Missions, NASA, nasa.gov/mission_pages/insight/main/index.html*

Insight busca ayudarnos a entender los procesos que llevaron a la formación y evolución de los planetas rocosos del sistema solar (incluyendo a la Tierra), Marte es uno de los mejores candidatos para contener esa información bajo su superficie.

Científicos probando los paneles solares del rover Insight antes de su lanzamiento a Marte. Crédito: NASA/ Lockheed Martin Space.

También busca investigar la actividad tectónica marciana, para este objetivo cuenta con un instrumento llamado SEIS (*Seismic Experiment for Interior Structure*, o Experimento Sísmico para la Estructura Interior). Proveído por la Agencia Espacial Francesa, este instrumento ha ayudado ya a detectar martemotos, es decir terremotos marcianos[17].

El módulo de aterrizaje InSight tomó esta foto utilizando su cámara de despliegue de instrumentos (IDC) montada en un brazo robótico el 1 de marzo de 2020, sol 449. Crédito: NASA/JPL-Caltech

---

[17] *Stähler, Simon (2021). "Seismic detection of the Martian core. Science". ETH Zurich. p. 443-448. doi:10.1126/science. abi7730. Recuperado de http://www.insight.ethz.ch/en/home/*

Otro de los instrumentos científicos importantes es el HP3, *Heat Flow and Physical Properties Package* o Flujo de Calor y Paquete de Propiedades Físicas, que busca estudiar su temperatura interna y entender si la Tierra y Marte se formaron a partir del mismo material, así como determinar el grosor de la corteza marciana y la composición de su manto. Este fue desarrollado por el Centro Aeroespacial Alemán.

El módulo de aterrizaje InSight Mars de la NASA tomó esta selfie final el 24 de abril de 2022. Crédito: NASA/PJL – Caltech

El módulo Insight ha entregado información valiosísima para el entendimiento del planeta rojo y su futura colonización.

10.2 MAVEN: *Mars Atmosphere and Volatile Evolution* o Atmósfera de Marte y Evolución de Elementos Volátiles

Lanzada en noviembre de 2013 por NASA, es una misión que buscaba explorar la atmosfera marciana, ionosfera y sus interacciones con el Sol y el viento solar[18].

---

[18] *MAVEN Overview, NASA,*
nasa.gov/mission_pages/maven/main/index.html

Una grúa levanta la sonda espacial (MAVEN) de la NASA dentro de la instalación de servicio de carga peligrosa el 3 de agosto de 2013, en el Centro Espacial Kennedy. Crédito: NASA/ Tim Jacobs.

El objetivo era determinar la pérdida de elementos volátiles de la atmósfera de Marte a través del tiempo, permitiendo entender la historia de su clima, agua líquida y la habitabilidad del planeta rojo.

Esta imagen muestra un concepto artístico de la misión MAVEN en Marte. Crédito: Nasa.

El conjunto de instrumentos de MAVEN consta de ocho sensores:

- Magnetómetro
- Espectrómetro de masas de iones y gases neutros
- Sonda Langmuir y Ondas
- Espectrómetro ultravioleta de imágenes
- Analizador de electrones de viento solar

- Analizador de iones de viento solar
- Partículas Energéticas Solares
- Composición de iones supra- térmicos y térmicos

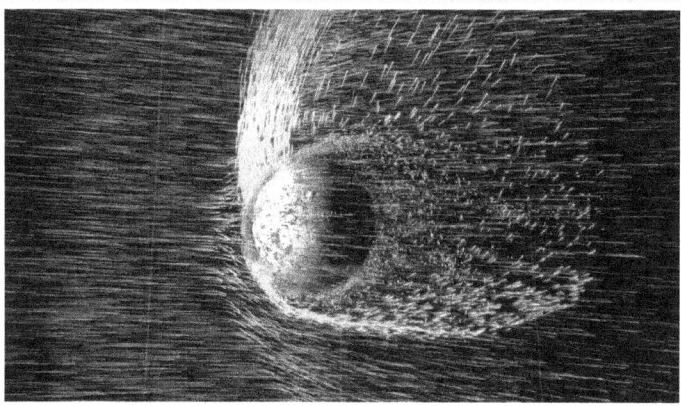

Visualización de la pérdida de atmósfera de Marte. Marte hoy es un desierto frío y árido, pero los científicos creen que una vez fue un planeta cálido y húmedo. El cambio puede haber sido causado por la pérdida de una atmósfera primitiva impulsada al espacio por el viento solar. Crédito: NASA's Goddard Space Flight Center

10.3 Rover CURIOSITY: Laboratorio Marciano de Ciencia:

El Rover Curiosity es el laboratorio de ciencia más avanzado enviado a un planeta hasta 2021, hace parte de una misión científica para entender si alguna vez Marte pudo tener ambientes adecuados para albergar pequeñas formas de vida o microbios. Busca determinar la habitabilidad de Marte[19].

El rover Curiosity usó dos cámaras diferentes para crear esta selfie frente al Mont Mercou, un afloramiento rocoso de 6 metros de altura, el 16 de marzo de 2021. Crédito: Credit: NASA/JPL-Caltech/MSSS

También determinar el clima marciano, caracterizar la su geología y preparar la futura exploración humana.

Lleva casi 10 años estudiando el suelo marciano, va en el Sol 3511 (hasta junio 21, 2022). Un avance increíble en nuestro conocimiento de Marte. Curiosity es un Rover

---

[19] *Curiosity Overview, NASA,*
Nasa.gov/mission_pages/msl/overview/index

nuclear, su sistema de poder y electricidad está alimentado por el calor producido por plutonio.

Puede superar obstáculos de más de 75 cms de altura y recorrer más de 90 metros por hora.

Otros objetivos importantes de la misión eran demostrar la capacidad de aterrizar de forma segura un vehículo pesado en la superficie de Marte.

También probar la habilidad de aterrizar en un objetivo máximo de 20 kilómetros de precisión.

Sus instrumentos principales:

Cámaras:

- **Mastcam:** Una cámara que toma imágenes y video en color del terreno marciano. El instrumento también se utiliza para apoyar las operaciones de conducción y muestreo del rover.
- **Generador de Imágenes de Lente Manual (MAHLI):** Proporciona a los científicos terrestres vistas en primer plano de los minerales, las texturas y las estructuras de las rocas marcianas y la capa superficial de escombros rocosos y polvo.
- **Lector de imágenes de descenso de Marte (MARDI):** Una cámara que tomó un video en color durante el descenso del rover hacia la superficie, brindando una "vista de astronauta" del entorno local.

Herramientas de la estación meteorológica de Marte en el mástil del Curiosity. La Estación de Monitoreo Ambiental Rover (REMS) incluye sensores de temperatura y humedad montados en el mástil. Crédito: NASA/JPL-Caltech/MSSS

Espectrómetros:

- **Espectrómetro de rayos X de partículas alfa (APXS):** Mide la abundancia de elementos químicos en rocas y suelos.

- **Química y cámara (ChemCam):** Un instrumento que primero usa un láser para vaporizar materiales y luego analiza su composición elemental usando un espectrógrafo integrado.

- **Química y mineralogía Difracción de rayos X (CheMin):** Un instrumento que identifica y mide la abundancia de diversos minerales en Marte.

- **Conjunto de instrumentos de análisis de muestras en Marte (SAM):** Un conjunto de instrumentos que busca compuestos del elemento carbono que están asociados con la vida y explora las formas en que se generan y destruyen en la ecosfera marciana.

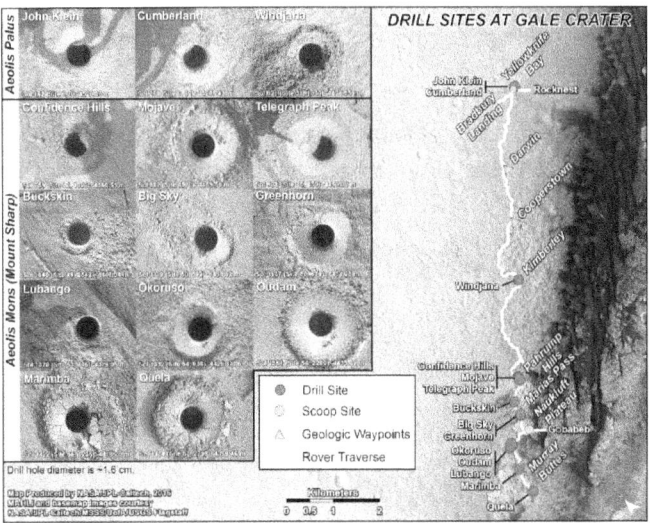

Lugares de toma de muestras de roca o suelo de Curiosity en Marte, hasta septiembre de 2016. Crédito: NASA/JPL-Caltech/MSSS

Detectores de Radiación

- **Detector de evaluación de radiación (RAD)** Mide e identifica toda la radiación de alta energía en la superficie marciana, como protones, iones energéticos de varios elementos, neutrones y rayos gamma.

- **Albedo Dinámico de Neutrones (DAN):** Un generador de neutrones pulsantes que se utiliza para detectar contenido de agua tan abajo como una décima parte del 1 por ciento y para buscar capas de agua y hielo debajo de la superficie.

Sensores Ambientales:

- **Estación de monitoreo ambiental Rover (REMS):** Mide y proporciona informes diarios y estacionales sobre el clima marciano.

Sensores Atmosféricos

- **Instrumento de aterrizaje y descenso de entrada del Laboratorio de Ciencias de Marte (MEDLI)** Recolectó datos de ingeniería durante la entrada extremadamente caliente y a alta velocidad de la nave espacial en la atmósfera marciana[20].

10.4 MARS EXPRESS, Agencia Espacial Europea (*ESA*).

La sonda Mars Express fue enviada a Marte en 2003, no iba sola, un módulo de aterrizaje llamado Beagle 2 (como el barco del naturalista Charles Darwin que viajó por el mundo y llegó a las islas Galápagos en Ecuador), la

---

[20] *Mars Curiosity Rover, Summary | Science – NASA Mars Exploration, NASA Mars Exploration, mars.nasa.gov/ msl/ mission/ science/ summary/*

acompañaba, y aunque el Beagle 2 nunca logró operar, se estrelló en la superficie marciana, MARS EXPRESS sí ha cumplido ampliamente con sus objetivos.

Impresión artística de la sonda MARS EXPRESS de ESA sobre la órbita marciana. Crédito: ESA

Nos ha entregado algunas de las más impresionantes fotografías de Marte y sus instrumentos han permitido ayudar a los científicos a descifrar la composición química de la atmósfera y la ionosfera, así como su comportamiento y evolución[21].

Su avanzada cámara, con miles de fotos enviadas a la Tierra, nos ha permitido mapear la superficie marciana en 3D, que sumado a sus radares de penetración han ayudado a encontrar depósitos de hielo en los polos, tan grandes como un océano que podría cubrir Marte hasta

---

[21] *ESA Science & Technology – Summary, Sci.esa.int, sci.esa.int/web/mars-express/-/31021-summary*

11 metros de agua, depósitos que serán indispensables para la futura habitabilidad humana.

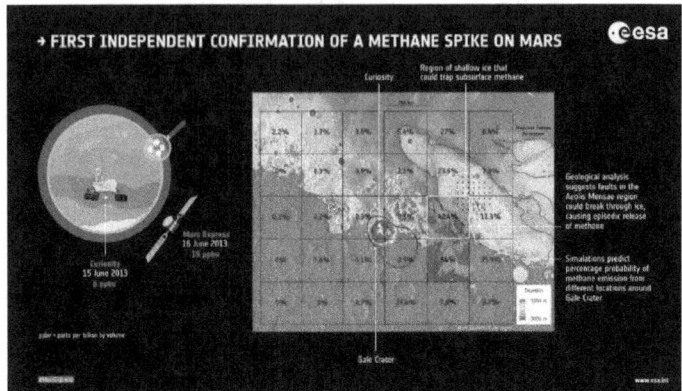

Los datos recopilados por el espectrómetro planetario de Fourier a bordo del Mars Express de la ESA durante los primeros 20 meses de la misión Curiosity de la NASA encontraron un caso de detección de metano correlacionado, la primera vez que una medición in situ se confirma de forma independiente desde el espacio. Crédito: ESA/ Giuranna et al. (2019)

Otro de los logros de Mars express fue detectar gas metano, que en la Tierra se produce por volcanismo o procesos bioquímicos, lo que mantiene la esperanza de encontrar signos pasados o presentes de vida microbiana en su superficie.

A través de sus precisas observaciones ayudó a encontrar que el mejor lugar de aterrizaje para el Rover Perseverance era el cráter Jezero, debido a las probabilidades de contener evidencia de vida antigua, clima, agua y volcanismo[22].

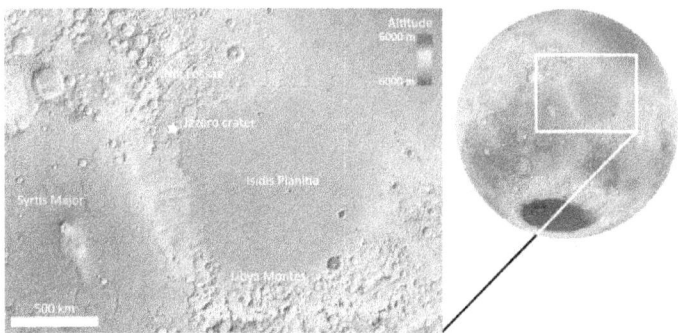

Ttopografía de Nili Fossae en Marte. Crédito: NASA/ L. Mandon et al. (2020)

Su órbita elíptica también ha permitido estudiar detalladamente uno de dos los satélites naturales de Marte: Fobos (nombrado así en honor uno de los hijos del Dios Romano de la guerra: Marte). Fobos significa Miedo.

Los estudios han determinado que Fobos está cubierto por casi un metro de polvo, lo que sugiere erosión debido a un bombardeo de meteoros (tal como se puede ver en la imagen de su superficie).

---

[22] *ESA Science & Technology - Mars Express helps uncover the secrets of Perseverance landing site, Sci.esa.int, sci.esa.int/web/mars-express/-/mars-express-helps-uncover-the-secrets-of-perseverance-landing-site*

Esta imagen de la luna marciana más grande, Fobos, se adquirió utilizando la cámara estéreo de alta resolución (HRSC) durante la órbita 17 342 de Mars Express el 12 de septiembre de 2017. Se obtuvo utilizando el canal nadir (apuntando hacia abajo) de HRSC. Crédito: ESA/DLR/FU Berlin, G. Neukum, CC BY-SA 3.0 IGO

Aunque se cree que Marte tomó a Fobos del cinturón de asteroides (debido a su forma irregular), esta teoría no está todavía comprobada al 100% debido a que su composición no descarta del todo que se haya formado del disco de acreción de Marte, es decir, de los restos de la misma nebulosa que formó el planeta hace 4.500 millones de años aproximadamente.

N ↑
_____
20 km

Tomada por la cámara de alta resolución (HRSC) de la sonda Mars Express, esta vista del cráter Korolev tiene 82 kilómetros de diámetro y se encuentra al sur de un gran terreno de dunas que rodea parte del casquete polar norte del planeta. Es un ejemplo de un cráter marciano y su centro alberga un montículo de hielo de

agua de unos 1,8 kilómetros de espesor durante todo el año.
Detalle del cráter Korolev[23] *Crédito: ESA/DLR/FU Berlín.*

10.5 Rover PERSEVERANCE y Helicóptero INGENUITY: Misión Astrobiológica

Astrobiología es la palabra clave en la misión del Rover Perseverance (Perseverancia) y su fiel acompañante, el helicóptero Ingenio (Ingenuity). Esta es la primera misión de la Nasa con el objeto específico de buscar rastros de vida microbiana en otro planeta.

Selfie del Rover Perseverance en Marte en 2021. Crédito: NASA/JPL/Calteh

---

[23] *ESA, Science & Exploration. Mars express gets festive: A winter wonderland on Mars.*
esa.int/Science_Exploration/Space_Science/Mars_Express/Mars_Express _gets_festive_A_winter_wonderland_on_Mars

Perseverance lleva consigo un taladro y depósitos para tomar muestras del suelo del cráter Jézero, que hace millones de años fue un delta y que tiene grandes probabilidades de haber albergado vida en su superficie.

Escoger el lugar de aterrizaje tomó más de 5 años y decidir entre otros 60 posibles lugares. En esta labor se apoyó en las imágenes e instrumentos de la sonda Mars Express.

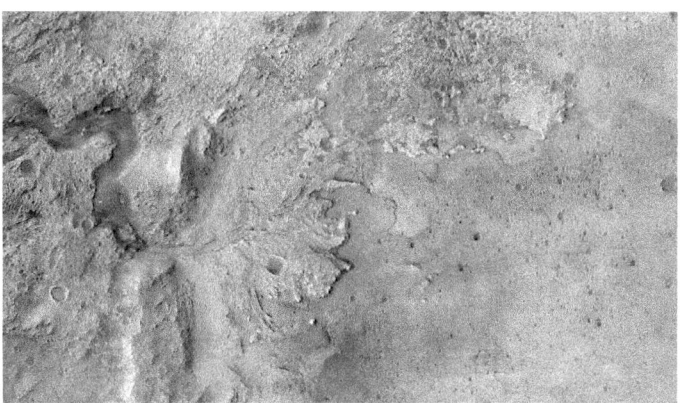

Cráter Jezero visto por el Mars Express Orbiter de ESA: esta foto muestra los restos de un antiguo delta en el cráter Jezero de Marte, que el rover Perseverance Mars de la NASA explora en busca de signos de vida microbiana fosilizada. Crédito: ESA/DLR/FU-Berlin

Los principales objetivos científicos de la misión son:

- **Geología:** estudiar las rocas y el paisaje en el cráter Jezero para revelar su historia geológica.

- **Astrobiología:** determinar si este lugar fue apto para la vida y buscar signos de vida antigua.
- **Almacenamiento de muestras:** encontrar, tomar y recopilar muestras de roca y suelo de Marte para ser posteriormente enviadas a la Tierra para un estudio más minucioso.
- **Preparar el terreno para la llegada de Humanos:** Probar tecnologías que ayudarían a mantener la presencia humana en Marte.

Fotografía del primer vuelo del Helicóptero Ingenuity en la superficie marciana, tomada por la cámara Mastcam-Z del Rover Perseverance el 19 de abril 2021. Crédito: NASA/JPL/Calteh.

Perseverance lleva consigo un instrumento para producir oxígeno (para respirar y como propelente para cohetes) a partir del dióxido de carbono que se encuentra en su atmósfera. Este es uno de los experimentos más importantes porque nos permitirá probar una tecnología indispensable para la supervivencia humana en Marte.

Principales instrumentos del Rover Perseverance son:

- **Mastcam-Z:** Es una cámara avanzada con zoom para tomar fotos panorámicas y estereoscópicas Puede ayudar a los científicos a evaluar la mineralogía de la superficie marciana y colaborar con las operaciones del Rover.

- **Analizador de Dinámica Ambiental de Marte (MEDA):** Son conjunto de sensores para medir temperatura, velocidad y dirección del viento, presión, humedad relativa y tamaño y forma del polvo.

- **Experimento de Oxígeno en Marte (MOXIE):** Es un instrumento diseñado para producir oxígeno a partir del dióxido de carbono atmosférico marciano.

El experimento de utilización de recursos in situ de oxígeno de Marte es más conocido como MOXIE. La NASA se está preparando para la exploración humana de Marte, y MOXIE demostrará una forma en que los futuros exploradores podrían producir oxígeno de la atmósfera marciana para propulsar y respirar. Crédito: NASA/JPL-Caltech

- **Instrumento Planetario para Lito-química de Rayos X (*PIXL*):** Es un espectrómetro de fluorescencia de rayos X con cámara de alta resolución para determinar la composición elemental de los materiales de la superficie marciana. PIXL permitirá la detección y análisis de elementos químicos muy detallados.

- **Generador de Imágenes de Radar para el Subsuelo (RIMFAX):** Es un radar de penetración terrestre para proporcionar una resolución a escala centimétrica de la estructura geológica del subsuelo.

- **Escaneo de Entornos Habitables con Raman y Luminiscencia para Productos Orgánicos y Químicos (SHERLOC):** Un espectrómetro para proporcionar imágenes a pequeña escala y usar un láser ultravioleta (UV) para determinar la mineralogía y detectar compuestos orgánicos. SHERLOC es el primer espectrómetro UV Raman en volar a la superficie de Marte y proporcionará mediciones complementarias con otros instrumentos.

- **SúperCam:** Es un instrumento que puede proporcionar imágenes, análisis de composición química y mineralogía, también puede detectar la presencia de compuestos orgánicos en rocas y regolito a distancia. Es una importante contribución del Centre National d'Etudes Spatiales, Institut de Recherche en Astrophysique et Planétologie (CNES/IRAP) Francia.

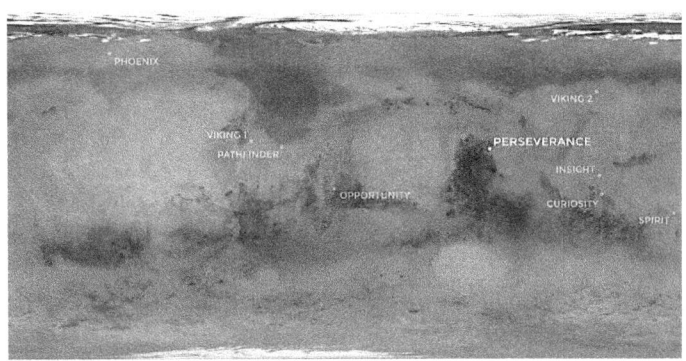

Esta es la ubicación de sondas y Rovers de la Nasa enviados a la superficie Marciana. Crédito: NASA.

10.6 Principales Objetivos Científicos y Tecnológicos de las Misiones Robóticas a Marte[24]:

- **Confirmar si Marte alguna vez albergó vida:** La historia planetaria de la Tierra y Marte son similares, así que es posible que, así como la vida surgió hace miles de millones de años en nuestro planeta, también haya sucedido algo parecido en nuestro planeta hermano. Para este objetivo se van a estudiar los entornos con alta probabilidad de contener vida pasada en Marte.

- **Comprender los procesos climáticos en Marte:** Es muy importante para la seguridad y el futuro de la colonización marciana entender la historia climática de Marte y su atmósfera. Necesitamos entender el proceso por el cual se llegó a este estado actual del planeta rojo y así poder prever su futuro climático.

- **Entender el origen y la evolución del sistema geológico marciano:** El suelo de Marte tiene la clave de la supervivencia de una colonia humana autosostenible. Necesitamos saber qué minerales contiene el suelo que podamos utilizar. También nos servirá para predecir el futuro geológico del planeta.

---

[24] *NASA Mars (2018). "Mars Exploration Program". Nasa Science. https://mars.nasa.gov/#red_planet/1*

- **Prepararnos para la exploración humana:** Todos los proyectos científicos y tecnológicos pasados, en desarrollo y futuros, tienen en su conjunto un objetivo común: reducir el riesgo para los primeros colonizadores humanos y establecer un modelo de arquitectura espacial y costos que permita hacer viable la colonización humana. Por esa razón estamos enviando robots previamente, que nos ayuden a entender mejor el sistema marciano en su conjunto.

Con el avance y experiencia de los programas espaciales Artemisa I, II y III, así como los descubrimientos de las misiones espaciales y robóticas en curso iremos clarificando mejor los objetivos tecnológicos de la colonización marciana (qué infraestructura espacial o superficial requerimos realmente). Este es un camino que se va desarrollando sobre la base del conocimiento adquirido en la colonización lunar y la exploración marciana.

11. SPACEX, Revolucionarios Espaciales

SpaceX es una compañía espacial privada, fundada en 2002 por un visionario emprendedor llamado Elon Musk, con el objetivo principal de reducir el costo de los viajes espaciales y conquistar Marte utilizando cohetes reutilizables.

Logo actual de SpaceX. Crédito: SpaceX.

La idea era crear una empresa muy eficiente con inmenso talento humano, especializado en ingeniería, que pudiera superar los obstáculos de llevar vehículos espaciales al mejor precio posible.

Buscaba crear un cohete parcialmente reutilizable, con un motor potente de bajo costo, que pudiera llevar cargas a la Órbita Baja de la Tierra.

Icónica foto de la fundación de SpaceX en 2002. Crédito: SpaceX.

Sus principales clientes serían el gobierno de Estados Unidos (Nasa, Ejército, Fuerza Aérea), compañías privadas buscando opciones económicas para enviar sus satélites al espacio y otros gobiernos también interesados en alternativas para sus proyectos espaciales.

Su primer lanzamiento del cohete Falcon I se produjo en 2006, aunque terminó precipitadamente por una fuga de combustible y posterior incendio.

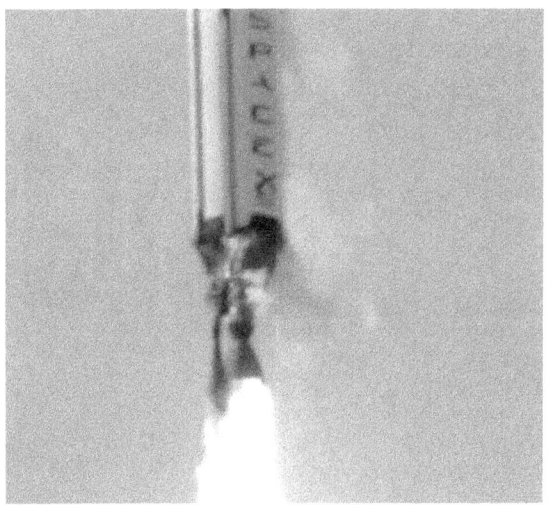

Momento del incendio por fuga de combustible en el Falcon 1, en 2006. Crédito: SpaceX.

Sin embargo, para esta fecha, SpaceX ya contaba con contratos del gobierno de Estados Unidos e incluso un contrato de la Nasa, lo que le permitía tener suficientes fondos para financiar sus actividades[25].

Este fallo no detuvo su desarrollo, al contrario, con una filosofía de aprender de los errores y no detenerse, SpaceX ha logrado revolucionar la industria espacial con sus cohetes reutilizables Falcon 9, Falcon Heavy y ahora con los Starship.

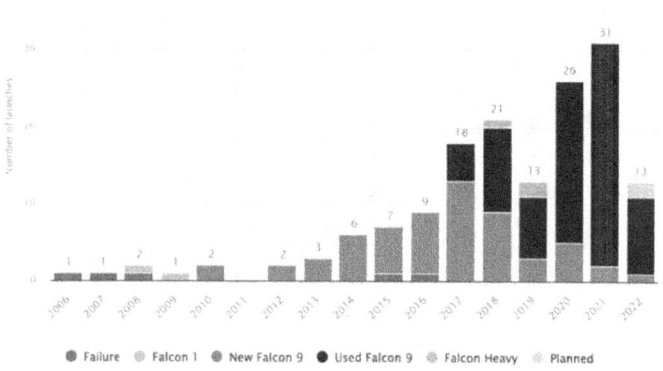

A la fecha, SpaceX ha realizado más de 160 lanzamientos exitosos. Crédito: Statista.com

Después del Falcon 1, SpaceX desarrolló el Falcon 9 (nombrados así en honor a la nave espacial de Han Solo en Star Wars, el Millenium Falcon). Elon Musk es un

---

[25] *SpaceX | Spacecraft, Rockets, & Facts, Encyclopedia Britannica,* *britannica.com/topic/SpaceX*

amante de las películas de Star Wars y claramente ha sido influenciado por ellas.

El Falcon 9 ha sido hasta ahora el único cohete con capacidad de reutilización. Hasta ahora ha sido lanzado al espacio 168 veces, de los cuales ha realizado 128 aterrizajes y ha sido reutilizado 107 veces para nuevos vuelos.

Esta ha sido la clave del Éxito de SpaceX, la tan anhelada reutilización.

Una imagen histórica que revolucionó la industria del espacio, la primera vez que dos cohetes Falcon 9 aterrizan casi al mismo tiempo en abril de 2019. Crédito: SpaceX.

El impacto en los costos del acceso al espacio es increíble. Mientras enviar 1 kilo a la Órbita baja de la Tierra en un Falcon 9 cuesta cerca de $2.720 dólares, durante la época de los transbordadores enviar el mismo kilo costaba cerca de $54,500[26]. Y con la competencia actual en Delta IV cada kilo cuesta aproximadamente $17,400, mientras en un Atlas V el costo es de $20,200 por kilo. La diferencia es enorme, eventualmente las empresas que quieran sobrevivir en esta industria deberán reutilizar sus vehículos espaciales para poder competir.

En otro hito, SpaceX fue la primera empresa privada en enviar a la Estación Espacial Internacional y retornar a la Tierra de forma segura una misión tripulada. Todo un logro por los riesgos que estos lanzamientos con tripulación implican.

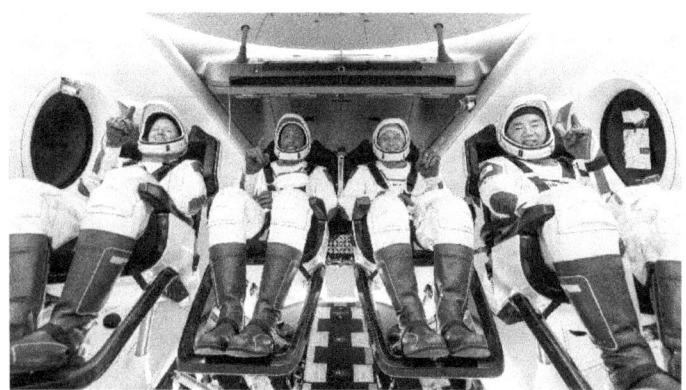

Los miembros de la tripulación SpaceX Crew-1 (desde la izquierda) los astronautas de la NASA Shannon Walker, Victor Glover, Mike Hopkins y el astronauta de la JAXA

---

[26] *How SpaceX lowered costs and reduced barriers to space, The Conversation, theconversation.com/how-spacex-lowered-costs-and-reduced-barriers-to-space-112586*

(Agencia de Exploración Aeroespacial de Japón) Soichi Noguchi. Crédito: SpaceX

Sólo hay que recordar los desastres de los transbordadores Challenger o Columbia (que finalmente terminaron con ese programa espacial), para entender la importancia del éxito en estas misiones.

La primera tripulación en viajar en una nave espacial de SpaceX (Falcon 9 + Cápsula Dragón) a la Estación Espacial Internacional, lo hizo en noviembre de 2020.

En esta foto se ve la cápsula Dragón acoplada a la Estación Espacial Internacional. Un logro nunca antes realizado por una empresa privada.

La cápsula Dragón Crew-1 de SpaceX se encuentra acoplada a la Estación Espacial Internacional el 1 de julio de 2020 (en un

viaje de prueba anterior a enviar la primera tripulación). Crédito: Nasa.

El Falcon Heavy, que es un Falcon 9 con 2 propulsores adicionales a los lados para generar más potencia y llevar más carga (puede llevar hasta 64 toneladas métricas) al espacio, ha realizado hasta el momento 3 lanzamientos. Tiene una potencia acumulada de más de 18 aviones 747 juntos[27]

Fotografía del lanzamiento del Falcon Heavy en febrero de 2018. En su interior iba un automóvil Tesla Roadster que continpua viajando por el espacio. Crédito: REUTERS/Thom Baur.

---

[27] *Falcon Heavy stats, SpaceX, spacex.com/vehicles/falcon-heavy/*

12. Arquitectura Espacial

12.1. ¿Cómo llegamos a Marte? Starship y SLS Block 2

Lo primero que necesitamos para poder colonizar Marte son naves espaciales poderosas, grandes y seguras, que puedan llevar la cantidad de carga e insumos que necesitan los seres humanos para sobrevivir en un ambiente hostil como el del planeta rojo.

De ahí que en este momento se estén desarrollando 2 proyectos en paralelo para cumplir este objetivo. El primero del que hablaremos es el de la empresa SpaceX, el poderoso Starship

12.2. SpaceX tiene su Nave Espacial: STARSHIP

Para viajar al espacio exterior se necesitan naves espaciales con varias partes o etapas, ya que un cuerpo completo no sería eficiente, práctico, ni seguro. Esto lo veremos tanto con SpaceX como con la Nasa.

También hay que aclarar es que Starship son 2 cosas al mismo tiempo.

Starship, es la parte superior, la que lleva la carga o la tripulación. Crédito: SpaceX

Propulsor Súper Pesado (super heavy booster), es el encargado de llevar la nave fuera de la Tierra y regresar de nuevo para realizar más viajes al espacio. Crédito: SpaceX

- SpaceX denomina Starship a toda la nave completa, es decir, el propulsor súper pesado y la nave espacial que lleva los seres humanos o la carga

- Sin embargo, también denomina Starship solo a la parte superior (la que se encarga de llevar la carga o los seres humanos)

La nave espacial Super pesada de SpaceX será la responsable (con 2 configuraciones diferentes), de llevar carga y seres humanos a Marte.

Se estima que podrá viajar con hasta 100 seres humanos o llevar de 100 a 150 toneladas de carga neta en cada recorrido al planeta rojo[28].

Es una nave 100% reutilizable, es decir, que cada una podrá realizar muchos viajes de ida y vuelta a Marte (como un avión).

Esto es clave, porque es lo que permitirá realmente llevar cientos de miles de toneladas de carga y seres humanos a un costo razonable al planeta rojo, así como traer de vuelta minerales a la Tierra para eventualmente establecer un comercio interplanetario y financiar más viajes al espacio exterior.

Aunque inicialmente se construyó en fibra de carbono para hacerla muy ligera y resistente, posteriormente se cambió a acero inoxidable por ser más económico, fácil de construir y con un punto más alto derretimiento (se derrite a una temperatura más alta), lo que lo hace más resistente durante el ingreso a la atmósfera marciana.

---

[28] *Mars, SpaceX, https://www.spacex.com/human-spaceflight/mars/index.html*

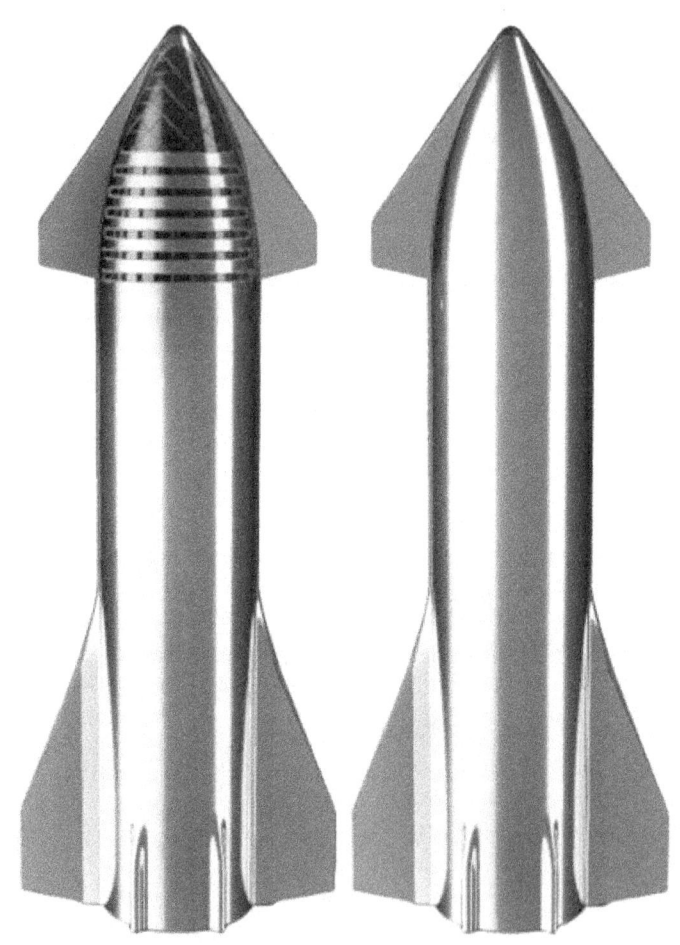

Starship para tripulación.
Crédito: SpaceX

Starship para carga.
Crédito SpaceX

En este momento está activo el S24 que es el vehículo con el que se espera realizar el primer vuelo suborbital de SpaceX, en una misión para colocar satélites de Starlink (también de Elon Musk).

Starship mide cerca de 50 metros de altura y 9 metros de diámetro; está compuesta en su mayoría por tanques de combustible. Contiene un tanque de metano líquido (LCH4) y un tanque de oxígeno líquido que abarcan cerca del 55%-60% del total del volumen interior de la nave. Cargará 1.200 toneladas de combustible[29].

S24 es trasladado al sitio de pruebas. Crédito: SpaceX
El espacio restante (en la parte superior) está compuesto por los volúmenes para tripulación o carga.

Cada Starship pesa cerca de 120 toneladas (vacía) y tiene 6 motores Raptor (3 adaptados al nivel del mar y 3

---

[29] *SpaceX, Starship, SpaceX, https://www.sspacex.com/vehicles/starship/*

adaptados al vacío del espacio exterior) que le dan un empuje de 12,7 Mega-Newtons de potencia.

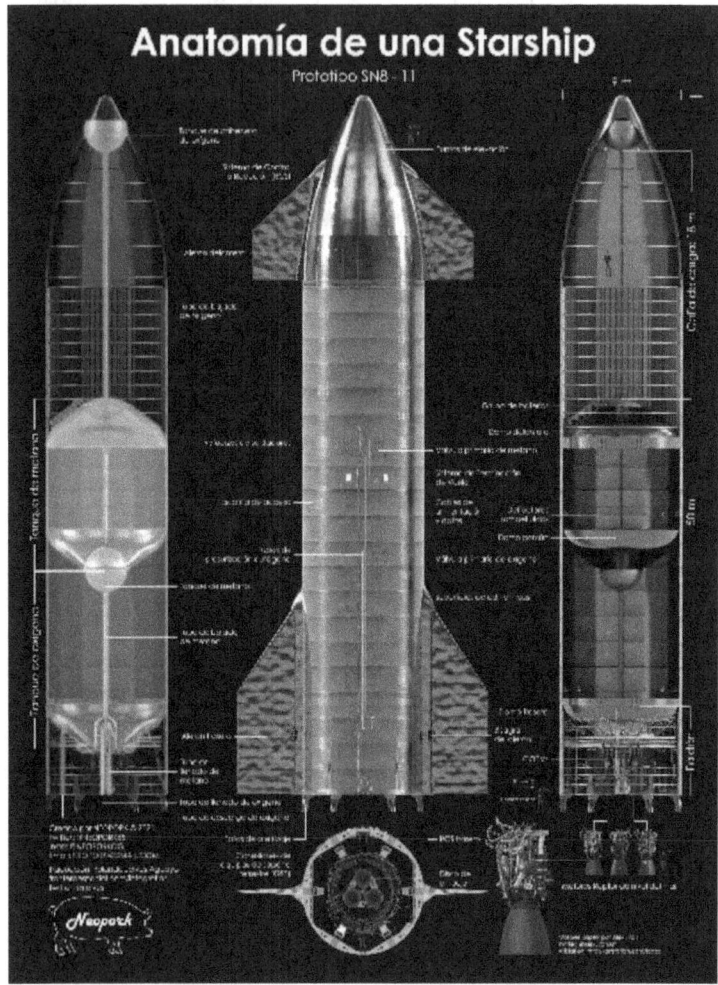

Anatomía de Starship. Crédito: Neopork.

Para llegar a Marte, Starship podrá reabastecerse de combustible en órbita, lo que le permitirá hacer muchos más viajes más lejos. Esta es la flexibilidad de este sistema, que nos permitirá visitar otros planetas y realmente convertirnos en una especie multi-planetaria.

12.3. SpaceX: Propulsor Súper Pesado (PSP), o *Super Heavy Booster.*

Es el propulsor principal de la nave Starship es básicamente un contenedor de motores y de combustible que impulsa y libera la nave espacial en la órbita baja de la Tierra.

Propulsor Súper Pesado B7 camino a su lugar de pruebas.
Crédito: SpaceX.

Mide casi 70 metros de altura y tiene un diámetro de 9 metros. El PSP es la primera etapa del cohete, es 100%

reutilizable y permite que la nave espacial Starship salga de la atmosfera terrestre, con una carga superior a 100 toneladas[30].

Por su gran potencia está catalogado por la Nasa como uno de los Vehículos de Lanzamiento Súper Pesados, es decir, que puede llevar más de 50 toneladas métricas a la órbita baja de la Tierra.

Elon Musk estima que cada PSP retornaría a la Tierra 6 minutos después de ser lanzado al espacio y liberar a Starship; posteriormente sería reabastecido de combustible en aproximadamente 30 minutos y estaría listo para volar de nuevo una hora después de su primer lanzamiento. Casi como un avión, una barbaridad de eficiencia[31].

Estos son los 33 motores Raptor instalados en el PSP – B7 de SpaceX que se encuentra actualmente en fase de pruebas. Crédito: SpaceX.

---

[30] *SpaceX, Starship, SpaceX, https://www.sspacex.com/vehicles/starship/*
[31] *Austin DeSisto, Elon Musk's Starship Update, Everyday Astronaut, everydayastronaut.com/elon-musks-starship-update-february-2022/*

El propulsor B7, que es el que se encuentra actualmente activo, tiene una capacidad de almacenaje de 3.400 toneladas de combustible y utiliza una mezcla de metano líquido y oxígeno líquido (CH4/LOX).

Está equipado con 33 motores Raptor, que le permiten alcanzar un empuje increíble de 72 Mega- Newtons.

El PSP cuenta con 6 aletas para orientar su dirección durante el reingreso y posterior aterrizaje en la Tierra; de esta forma se garantiza que pueda ser reutilizado en otras misiones.

Esta es una imagen conceptual que muestra el PSP con sus aletas abiertas durante el aterrizaje después de la separación de la carga útil. Crédito: Roger Bootsma

Aunque inicialmente está programado para llevar cargas pesadas al espacio (satélites), así como abastecer a la Estación Espacial Internacional y ayudar a construir la arquitectura espacial y Lunar del programa Artemisa de la NASA, el objetivo principal de la nave espacial Starship es llevar a los seres humanos a Marte y al espacio profundo.

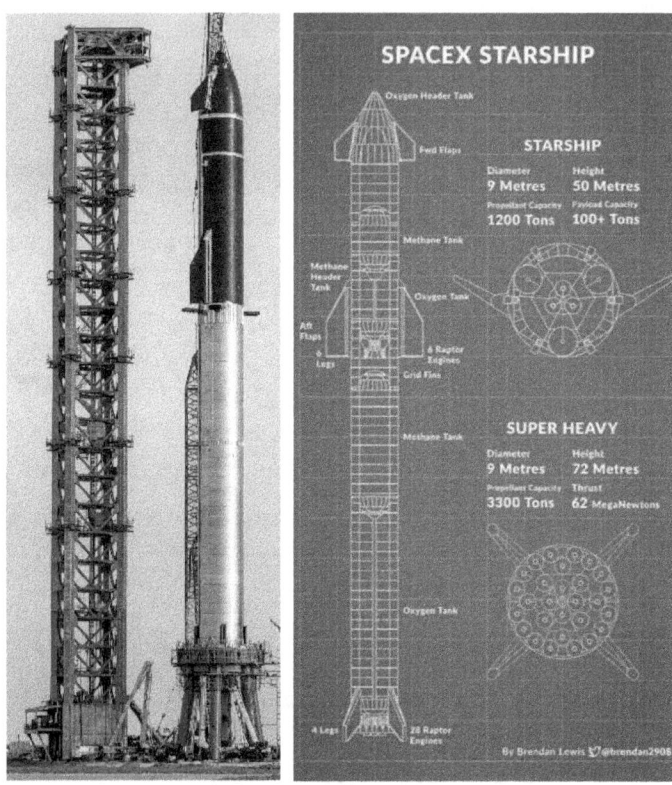

Starhip 20 anclado al propulsor súper pesado y planos de Starship. La altura total es de 120 metros de altura. Crédito: SpaceX

También está dentro de los planes de SpaceX utilizar Starship para reducir los tiempos de viajes en la Tierra utilizando su potencia para llevar una persona a cualquier lugar de nuestro planeta en menos de 1 hora.

12.4. NASA: Sistema de Lanzamiento Espacial SLS Block 2 (Tripulación y Carga)

Es la nave espacial súper pesada que la Nasa está construyendo para llevar seres humanos a Marte.

Es la misma plataforma del SLS, pero con propulsores más avanzados y mucho más potentes que permiten llevar más carga.

El SLS Block 2 en su configuración de carga puede llevar hasta 140 toneladas a la órbita baja de la Tierra y 46 toneladas a Marte[32]; tiene un empuje total de 42 Mega Newtons, es decir que es menos potente que el PSP de SpaceX.

Alcanza una velocidad máxima de 39,500 km/h. En su configuración de tripulación, puede llevar la cápsula Orión con astronautas y 43 toneladas adicionales de suministros e infraestructura.

---

[32] *Nasa, SLS Data Fact Sheet, Nasa.gov,*
nasa.gov/sites/default/files/atoms/files/sls_fact_sheet.pdf

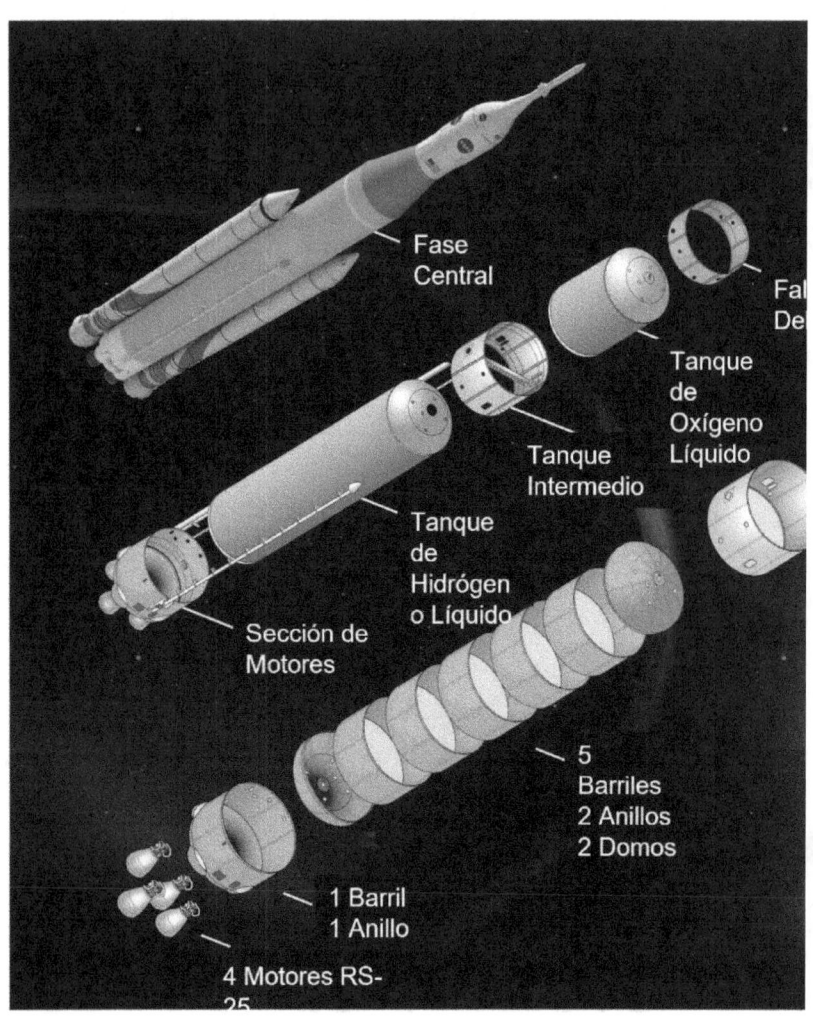

Fase Central

Fal
De

Tanque
de
Oxígeno
Líquido

Tanque
Intermedio

Tanque
de
Hidrógen
o Líquido

Sección de
Motores

5
Barriles
2 Anillos
2 Domos

1 Barril
1 Anillo

4 Motores RS-
25

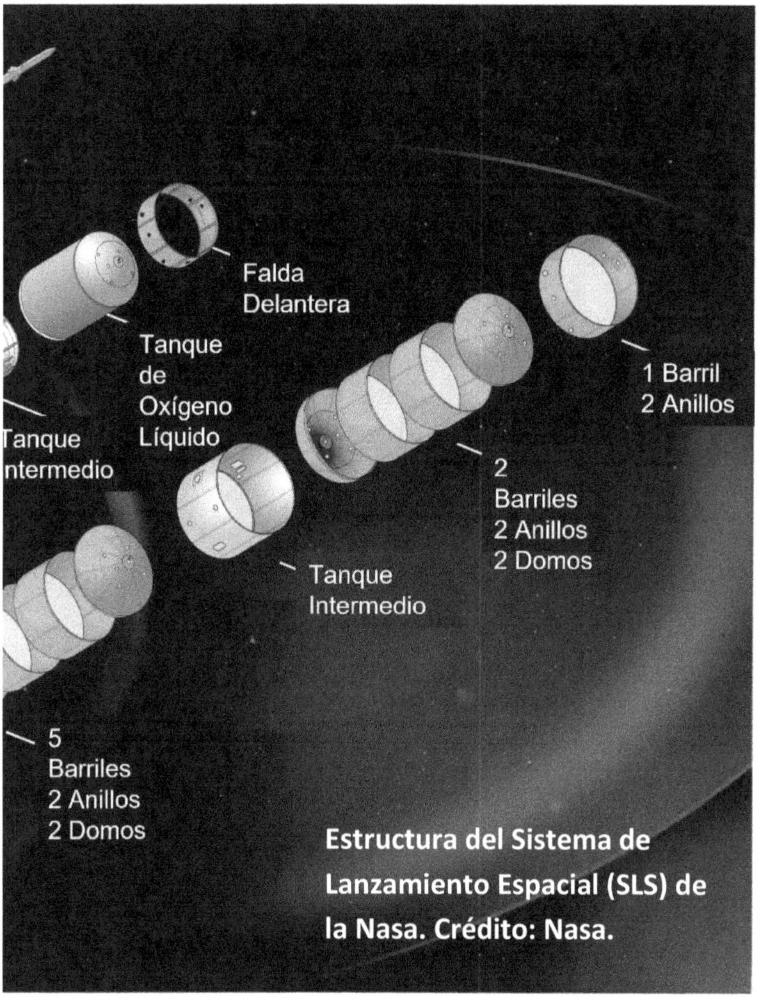

Falda
Delantera

Tanque
de
Oxígeno
Líquido

Tanque
intermedio

1 Barril
2 Anillos

2
Barriles
2 Anillos
2 Domos

Tanque
Intermedio

5
Barriles
2 Anillos
2 Domos

Estructura del Sistema de Lanzamiento Espacial (SLS) de la Nasa. Crédito: Nasa.

SLS Block 2 para tripulación (izquierda) y para carga (derecha).
Crédito: Nasa.

Posee 2 propulsores externos de combustible sólido
(SRB), no reciclables, que tienen una altura de casi 54
metros y un diámetro de 3,65 metros.

Cada uno proporciona un empuje de 16 Mega-Newtons y operan durante 126 segundos, permitiendo al SLS salir de la atmósfera de la Tierra.

Propulsor de Combustible Sólido (SRB) durante fase de pruebas. Crédito: Nasa

Sin embargo, aunque el avance de SpaceX y su PSP es mucho más rápido, es muy importante tener 2 o más opciones de naves espaciales capaces de llevarnos hasta Marte, esto mejora nuestras posibilidades y permite aprender más rápido en el camino.

También hay que tener en cuenta que todo el desarrollo de SpaceX está supervisado y autorizado por Nasa[33].

En el desarrollo del SLS participan más de 1.100 compañías estadounidenses e incluye tecnología y

---

[33] *Florian Kordina, SLS vs Starship: Why Do Both Programs Exist?, Everyday Astronaut, everydayastronaut.com/sls-vs-starship/*

componentes de los pasados programas espaciales de transbordadores y constelación.

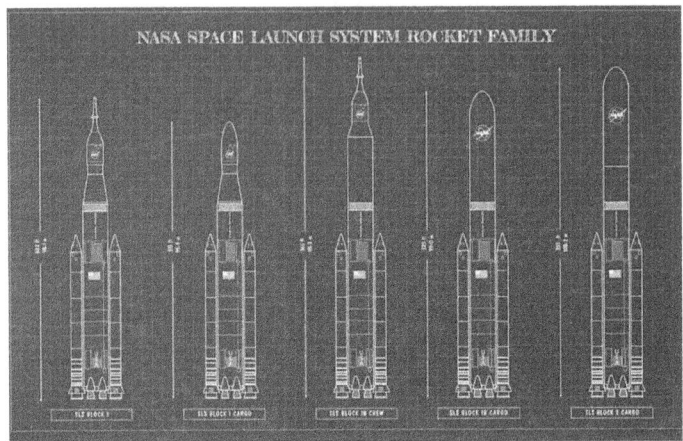

Planos de las diferentes configuraciones del Sistema de Lanzamiento Espacial (SLS). Crédito: Blue Galaxy Designs.

Representación artística del SLS Block 2 de carga, saliendo de la atmósfera terrestre. Crédito: Nasa.

Estas son las 2 alternativas, en tecnología espacial, más viables en este momento que los seres humanos algún día visitemos y eventualmente colonicemos Marte.

Starship. Crédito: SpaceX   *SLS Block 1. Crédito Nasa.*

13. Motores y Propelente

13.1. SpaceX – Motores Merlín y Raptor

El motor diseñado y construido por SpaceX para llevar seres humanos y carga a Marte se llama Raptor, y es una evolución de más de una década de trabajo para encontrar un motor muy potente, que además pueda utilizarse durante muchos ciclos (SpaceX espera que cada motor pueda realizar 1.000 viajes)[34]. De esta forma se podría decir que un motor es reutilizable.

Evolución de los motores Merlín. Crédito: SpaceX.

---

[34] *Jonathan O'callaghan, The wild physics of Elon Musk's, methane-guzzling super-rocket, WIRED UK, wired.co.uk/article/spacex-raptor-engine-starship*

El Raptor es la evolución del primer motor desarrollado por SpaceX llamado Merlín, que fue utilizado por las naves Falcon 1, Falcon 9 y Falcon heavy[35].

Motores Merlín. Crédito: SpaceX.

[35] *Interesting Engineering,   Inside SpaceX's Revolutionary Merlin Engines That Could Take Us to Mars, Interestingengineering.com, interestingengineering.com/innovation/nside-spacexs-revolutionary-merlin-engine-take-us-mars*

Se utilizaron diferentes variantes, desde el Merlín 1A, de 2006, que producía 340 Kilo-Newtons de potencia, después se desarrolló el Merlín 1B que llegaba a producir 380 Kilo-Newtons y fue utilizado en el Falcon 1.

Así se veían los 8 motores Merlín del Falcon 9. Crédito: SpaceX.

Uno de los logros del motor Merlín era su bajo costo, estimado en cerca de 1 millón de dólares por cada uno (en tecnología espacial es una ganga).

Posteriormente su evolución llevó al Merlín 1C, que fue el primer motor privado de combustión líquida en alcanzar órbita, un gran logro para SpaceX y para la exploración espacial.

Estos motores pueden apagarse hasta 2 veces durante el vuelo, lo que garantiza mayor seguridad en caso de algún fallo, permite más tiempo de uso y ahorrar combustible.

Del Merlín 1C se creó la primera versión para el vacío espacial, es decir, para operar en el espacio. Era una versión más grande.

Finalmente, el Merlín 1D, que fue desarrollado en 2012 y voló por primera vez en 2013, lograba un empuje de hasta 914 Kilo-Newtons [36]. Acá podemos ver la gran evolución en la potencia de los diferentes motores desarrollados por SpaceX.

En comparación, el Raptor 1 tiene un empuje de 1,7 a 2 Mega-Newtons, y SpaceX acomodó 33 de estos en un Starship a mediados de 2022. ¡Sí, 33! Ningún otro cohete en la historia ha tenido tantos motores juntos.

El Raptor 1, que ha volado con las naves SN5, SN6, SN8, SN9, SN10 y SN11 es un motor construido con una aleación de acero inoxidable, aluminio y cobre, con algunas partes impresas en 3D. Sin embargo, se buscaba

---

[36] *Interesting Engineering, Inside SpaceX's Revolutionary Merlin Engines That Could Take Us to Mars, Interestingengineering.com, interestingengineering.com/innovation/nside-spacexs-revolutionary-merlin-engine-take-us-mars*

eliminar casi totalmente la impresión 3D al ser un proceso más lento y costoso[37].

Así se ven 33 motores Raptor instalados en el Starship súper pesado de SpaceX. Julio 4 2022. Crédito: SpaceX.

La evolución del Raptor 1 es el Raptor 1.5 y posteriormente el Raptor 2. Este motor fue presentado a comienzos de 2022 en la Starbase de SpaceX en Texas.

El Raptor 2 está construido para ser usado tanto por el Propulsor Súper Pesado (PSP) como por la nave Starship. El PSP llevará 33 motores, mientras que Starship llevará 9. También es un motor con menos partes (como pueden ver en la foto de la página anterior), y menos partes significa menos riesgo de falla; también significa que es más económico de producir.

---

[37] *Trevor Sesnic, Raptor 1 vs Raptor 2: What did SpaceX change?, Everyday Astronaut, everydayastronaut.com/spacex-raptor-engine-comparison/*

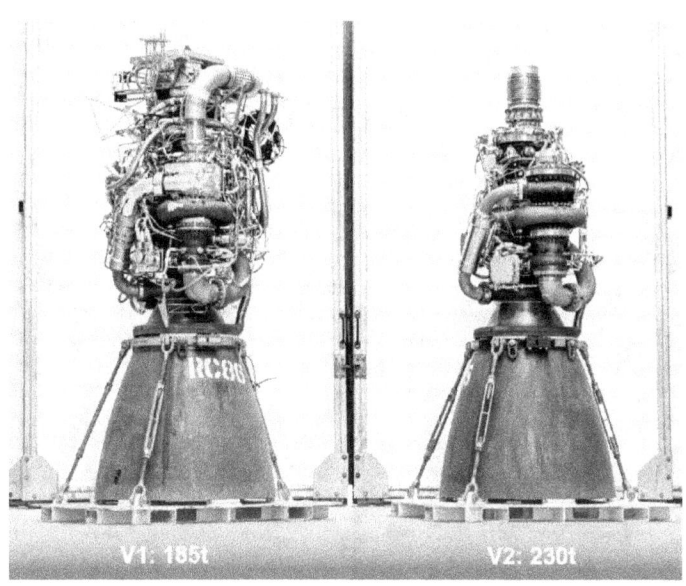

Comparación entre los motores Raptor 1 (izquierda) y Raptor 2 (derecha). Se puede ver que el Raptor 2 es más simple en su diseño, tiene menos piezas, por lo que genera más confiabilidad. sin embargo, es más potente. Crédito: SpaceX.

El Raptor 2 es más liviano en casi 400 kilos que su versión anterior (2 toneladas del 1 a 1,6 del Raptor 2)[38]. Alcanza una potencia 25% superior desde 2,25 Mega-Newtons hasta 3 Mega-Newtons con evoluciones posteriores.

Se diseñó para reducir su costo y tiempos de producción. Elon Musk cree que produciendo 500 motores por año

---

[38] *Trevor Sesnic, Raptor 1 vs Raptor 2: What did SpaceX change?, Everyday Astronaut, everydayastronaut.com/spacex-raptor-engine-comparison/*

podría, cada Raptor 2 podría costar cerca de $250.000 dólares. Lo que al final equivaldría a que lanzar una tonelada al espacio con SpaceX podría llegar a costar cerca de $1.000 por kilo (una revolución total).

Raptors 2 presentados por Elon Musk. Crédito: Elon Musk.

La primera prueba del PSP se produjo en julio 2022 y terminó con una gran bola de fuego en la base de SpaceX. No hay que alarmarse, de esta forma trabajan ellos, aprendiendo de cada error y construyendo sobre esa base.

13.2. Propelente / Combustible Raptor 1 y 2

Aunque en principio no prestamos mucha atención a este tema, definir el tipo de propelente a utilizar en un motor espacial es una de las grandes decisiones para el éxito de la misión y finalmente, de la exploración interplanetaria.

El propelente utilizado va a condicionar la cantidad de energía necesaria para salir de la atmósfera terrestre, así como la posibilidad de recargar combustible en el espacio, en la Luna o en un planeta como Marte.

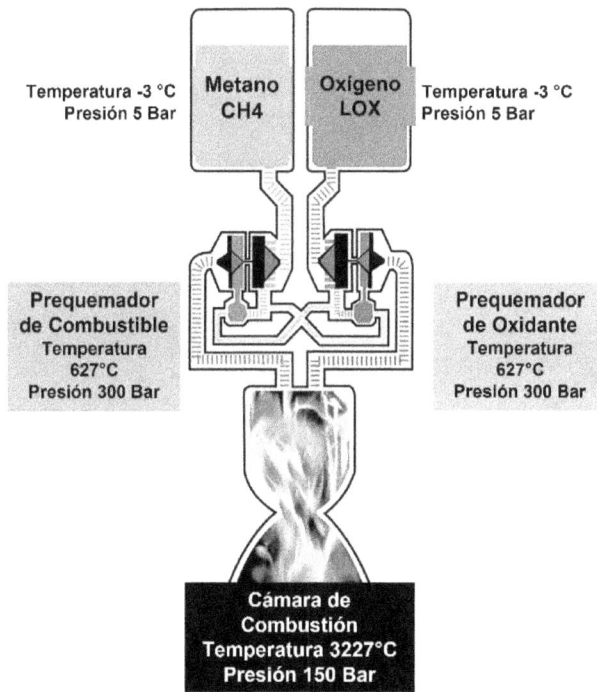

Esquema simplificado del flujo de combustión completa del motor Raptor de SpaceX. Crédito: Hardware Zone

De ahí que el tipo de combustible elegido para los motores defina de forma radical tanto los costos de las misiones como el alcance y la posibilidad de reutilizar las naves espaciales.

El combustible utilizado por los motores Raptor 1 y 2 de SpaceX es una mezcla de Metano (CH4) y Oxígeno (Lox)[39].

Este tipo de propelente no ha sido escogido al azar. Al utilizar Metano (una mezcla de carbono e hidrógeno), que son elementos presentes en la atmósfera de Marte, se pueden convertir fácilmente para recargar combustible y así las naves Starship pueden hacer el recorrido completo entre la Tierra y Marte a un costo mucho menor.

13.3. Motores RS-25 de Nasa

Los motores RS-25 que Nasa va a utilizar en el Sistema de Lanzamiento espacial SLS para llevar seres humanos a la Luna y a Marte son básicamente los mismos del programa espacial de Transbordadores, incluso algunos

---

[39] *Koh Wanzi, SpaceX's Raptor engine and why it's a big deal : To Mars and Beyond, Hardwarezone.com.sg, hardwarezone.com.sg/feature-spacex-mars-colony-nasa-starship-rocket-raptor-engine-astronaut/spacexs-raptor-engine-and-why-its-big-deal*

motores utilizados durante ese programa se van a usar en las primeras misiones Artemisa[40].

Inventario de motores RS-25 para la misión Artemisa. Crédito: Nasa.

El constructor Aerojet Rocketdyne transfirió los motores que tenía del programa espacial de transbordadores. Mientras tanto están trabajando en una actualización para aumentar la producción, mejorar la capacidad y reducir los costos[41].

---

[40] *Nasa, SLS RS-25 Data fact sheet, Nasa.gov,*
nasa.gov/sites/default/files/atoms/files/sls_rs25_engine_fs_508.pdf
[41] *Nasa, SLS Data Fact Sheet, Nasa.gov,*
nasa.gov/sites/default/files/atoms/files/sls_fact_sheet.pdf

En 2020 Nasa otorgó un contrato por 1.790 millones de dólares a Aerojet Rocketdyne para construir 18 motores adicionales para el programa Artemisa[42].

[42] *Ben Evans, NASA Orders 18 More RS-25 Engines for SLS Moon Rocket, at $1.79 Billion, AmericaSpace - For space explorers, americaspace.com/2020/05/02/nasa-orders-18-more-rs-25-engines-for-sls-moon-rocket-at-1-79-billion*

Cada transbordador estaba propulsado tres motores RS-25.
Crédito: Aerojet Roketdyne

Estos motores en su conjunto tienen un porcentaje de eficiencia del 99.95%, y en total impulsaron 135 misiones de transbordadores al espacio exterior.

Un motor RS-25 durante el programa de transbordadores costaba cerca de USD 40 a 50 millones de dólares, ahora se espera que cuesten un 30% menos.

Transporte de un RS-25 para ser ensamblado en el SLS Crédito:
Nasa.

Esta es una de las grandes diferencias entre el programa privado de SpaceX y el gubernamental de Nasa (la eficiencia económica), un motor Raptor 2 podría llegar a costar $250.000 dólares contra los $35.000.000 de dólares (a precio rebajado) de un RS-25 de la Nasa.

Cada RS-25 tiene una potencia de 2,2 Mega-Newtons, lo que le permitiría llevar 46 toneladas de carga (en la configuración Block 2 del SLS) a la Luna y a Marte. Tiene una masa de 3,5 toneladas y puede operar durante 452 segundos aproximadamente en el vacío espacial, o 366 segundos a nivel del mar.

El RS-25 mide 4,3 metros de alto y 2,4 metros de diámetro. Cada misión Artemisa con el SLS llevará 4 motores en el cuerpo principal del cohete, que le darán un increíble empuje máximo de 8,8 Mega-Newtons.

Cuerpo principal del SLS en camino a pruebas con los 4 motCreative Commonores RS-25 ensamblados. Crédito: Nasa.

13.4. Propelente / Combustible Nasa -RS-25

A diferencia del Raptor, que utiliza Metano y Oxígeno, el RS-25 utiliza una mezcla de Hidrógeno Líquido (LH2) y Oxígeno líquido (LOX).

El residuo de la mezcla de Hidrógeno líquido HL2 y Oxígeno Líquido LOX del RS-25 no produce humo, sino vapor de agua denso, que cae en forma de lluvia[43]. Las pruebas de los RS-25 se llevan a cabo en el Stennis Space Center en Mississippi.

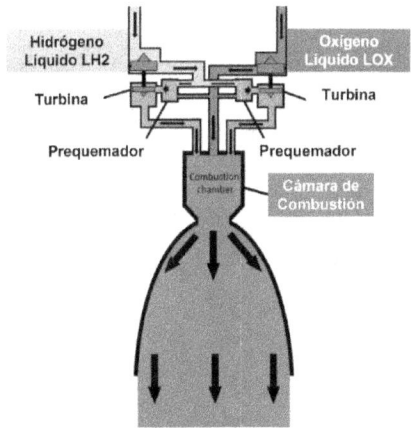

Esquema simplificado del flujo de combustión del motor RS-25 de la Nasa. Crédito: Creative Commons, Wikipedia

---

[43] *Nasa, Blogs.nasa.gov, blogs.nasa.gov/Rocketology/wp-content/uploads/sites/251/2016/03/tumblr_inline_nt1eg3f1ft1tzhl5u_12 80.jpg*

13.5. Depósito de Combustible Orbital (DCO), *Orbital Refueling Depot.*

¿De qué forma se puede reducir el costo y optimizar de los viajes interplanetarios?; una de las formas es recargando combustible en el espacio.

La idea de SpaceX es que las naves espaciales Starship vuelen a un depósito de combustible en la órbita baja de la Tierra (así no necesitan llevar tanto combustible desde el despegue), y puedan utilizar ese espacio disponible para llevar más carga.

Esta es una ilustración de cómo podría verse el diseño del Depósito de Combustible Orbital de SpaceX, con las naves Starship ancladas para reabastecerse de combustible. Crédito: SpaceX.

Elon Musk estima que cada Starship podría llevar 100 toneladas de carga a Marte si pueden recargar combustible en el espacio[44].

Las naves "Tanqueros" de combustible serían básicamente los mismos Starship, pero sin ventanas, diseñados para llevar la mayor cantidad de combustible posible al depósito espacial, donde las naves que si viajarían a Marte recargarían el propelente necesario para el viaje interplanetario.

El objetivo ambicioso de construir una colonia en Marte requiere una logística muy eficiente que permita miles de viajes por año para poder crear la infraestructura necesaria. En ese contexto se requieren viajes espaciales semanales o incluso diarios.[45]

De ahí que reabastecer las naves espaciales tanto en la órbita baja de la Tierra como en Marte, permitirá más viajes con más pasajeros y carga al planeta rojo.

---

[44] *SpaceX, Human Space Flight, spacex.com/human-spaceflight/mars/index.html*
[45] *Eric Ralph, SpaceX's path to refueling Starships in space is clearer than it seems, Teslarati, teslarati.com/spacex-how-to-refuel-starships-in-space/*

Ilustración del Taker 2, el primer depósito espacial, creado por la compañia Orbit Fab. Crédito: OrbitFab.

Hay varias empresas trabajando en depósitos de combustible espacial, entre ellas OrbitFab, empresa estadounidense con la idea de crear estaciones de combustible para naves espaciales y satélites.

El primer prototipo de prueba debería ser enviado al espacio a finales de 2022 o comienzos de 2023 en una nave de SpaceX[46].

---

[46] *Gonzalo Hernández, Xataka, xataka.com.mx/espacio/esta-quiere-ser-primera-gasolinera-espacial-para-repostar-naves-orbita-esta-a-punto-ser-lanzada-spacex*

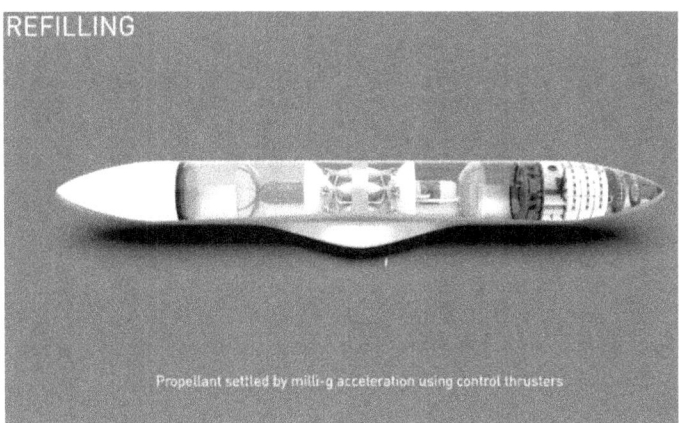

REFILLING

Propellant settled by milli-g acceleration using control thrusters

Esta propuesta de reabastecimiento espacial de SpaceX permite recargar combustible empujándolo desde el tanquero hacia la nave receptora con aceleradores. Crédito: SpaceX.

Otra forma propuesta para recargar combustible en el espacio es anclar directamente la nave que viaja a un tanquero[47].

El tanquero se ubica y ancla exactamente en la cola del Starship y a través de pequeños motores impulsa el combustible a la otra nave.

---

[47] *Elon Musk, SpaceX, making life multiplanetary.pdf*

14. Mars City
La Primera Ciudad Marciana de SpaceX

El gran promotor de la primera ciudad Marciana es Elon Musk (dueño de SpaceX). La razón es tan simple como compleja por los riesgos y los retos logísticos y económicos que implica el mayor proyecto exploratorio de la humanidad.

Musk lo ha explicado varias veces con una sencillez enorme; cualquier cosa puede salir mal para la vida en la Tierra, (ya los dinosaurios no están); puede ser un asteroide, un cambio en las condiciones termonucleares del Sol o la estupidez humana: una guerra nuclear a escala global o las consecuencias devastadoras del cambio climático.

Elon Musk durante una charla TED sobre la vida multiplanetaria. Crédito: Chris Anderson

Elon Musk: "Es muy importante enfatizar que Marte, especialmente al principio, no será lujoso", dijo Musk en una entrevista en video con Chris Anderson. "Será un trabajo peligroso, difícil y duro"[48].

Eso es lo que les espera a los primeros colonos marcianos. Muchísimo trabajo, muy lejos, en un ambiente muy hostil. Sin embargo, eso es parte de lo que nos hace humanos, tomar riesgos, explorar, aprender.

No sólo SpaceX tiene ideas y diseños para una ciudad marciana; Nasa ha venido realizando concursos con empresas privadas para diseñar viviendas e infraestructuras viables en Marte.

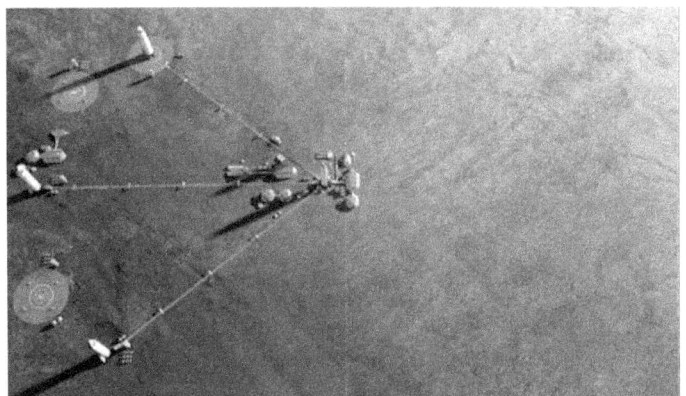

Etapa 1 de la ciudad Marciana de SpaceX. Crédito: SpaceX.

---

[48] *Life on Mars will not be luxurious, it will be difficult: Elon Musk, Menafn.com, menafn.com/1104060959/Life-on-Mars-will-not-be-luxurious-it-will-be-difficult-Elon-Musk&source=30*

La diferencia es que el programa espacial de SpaceX está muchísimo más avanzado que el de esas empresas, incluso que el de la Nasa.

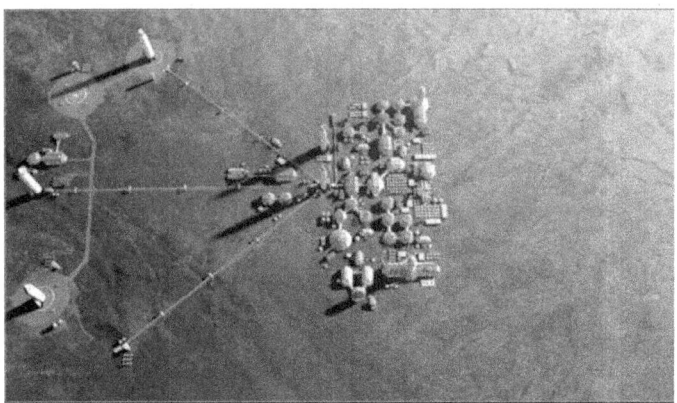

Etapa 2 de la ciudad Marciana de SpaceX. Crédito: SpaceX

Etapa 3 de la ciudad Marciana de SpaceX. Crédito: SpaceX

Por lo tanto, la probabilidad de que sean Elon Musk y SpaceX los primeros en llegar a Marte con una operación grande y adecuada para crear la primera colonia marciana tiene sentido.

Etapa 4 de la ciudad Marciana de SpaceX. Crédito: SpaceX

Elon Musk estima que se necesitan 1.000.000 de toneladas de carga y suministros para crear esta colonia marciana funcional[49].

Si cada Starship pudiera llevar 100 toneladas en cada viaje, se necesitarían aproximadamente 10.000 viajes a Marte para construir esa colonia, es decir que tendrían que viajar varias veces al día durante varios años para alcanzar este ambicioso objetivo (propuesto para comenzar en 2029 y estar concluido en 2050).

---

[49] *Brown, Mike (2019). "Spacex Mars City: Here's How Much Elon Musk's Dream Would Cost". Inverse.com. inverse.com/article/58458-spacex-mars-city-here-s-how-much-it-would-cost-to-build*

Alpha 2.0 de Mars City Design & Partners, seleccionado como el ganador del concurso de hábitats impresos en 3D. 2019.

Esto sin contar los viajes con seres humanos, que serían otros 10.000 si se espera tener 1 millón de personas en Marte para 2050. Estas son las etapas que presenta SpaceX para la construcción de la primera ciudad humana interplanetaria.

Sin embargo, los obstáculos son incontables para los colonos marcianos, desde que se ubiquen en los asientos de sus naves espaciales. Esos riesgos los veremos más adelante.

Representación conceptual de habitáculos en marte. Mars Dune Alpha. Crédito: ICON y NASA.

Como decíamos, Nasa ha venido trabajando en diseños para seres humanos en Marte. Este es el diseño de 2019 de la empresa Mars City Design, dedicados a construir ambientes habitables para seres humanos en Marte

Están enfocados en utilizar biomateriales basados en plantas y estructuras 4D que nos ayuden a limitar el peligroso efecto de la radiación solar y reutilizar recursos como el agua que nos permitan vivir de la mejor manera en ese ambiente duro y rudo de Marte.

También se vienen realizando periódicamente y por varias entidades (como Mars Society y Nasa), simulacros de largas estadías en Marte, en ambientes creados acá en la Tierra, para evaluar el comportamiento humano en las condiciones de encierro del planeta rojo.

Ilustración de una estructura humana en Marte. Crédito: Tarik Keskin.

Concepto de atrio subterráneo marciano. Crédito: Vincent Callebaut.

Crear una colonia medianamente autosuficiente va a requerir muchísimas estructuras que permitan a los astronautas vivir adecuadamente.

Ya sabemos que va a ser muchísimo trabajo, muy estresante y peligroso, así que el bienestar de los colonos debe ser una prioridad.

Concepto de estructuras bajo la superficie de Marte. Crédito: ZA Architects.

Los seres humanos vivimos en un hermoso planeta lleno de colores, verde, azul, amarillo, violeta, etc. Necesitamos crear ambientes similares que permitan a los colonos acomodarse mejor a su nueva realidad.

15. Economía Marciana

15.1. ¿Cuánto Costaría Establecer una Colonia Humana en Marte?

Aunque es muy difícil calcular el coste exacto de un proyecto tan grande como la colonización de otro planeta (Monica Witt, de Nasa confirmó en un correo que todavía la NASA no tiene los costes definidos), sí podemos tener alguna idea, basados en los precios actuales de lanzamientos y exploración de Marte (vehículos exploradores, drones, etc.)

Ítem	USD Millones
Lanzamiento Vehículo Espacial (Rover)	$900.00
Satélite De Comunicaciones	$450.00
Operaciones, Entrenamiento Astronautas	$582.00
Primera Misión Con Suministros, Impresoras 3d, Robots Constructores, Domos Habitacionales, Etc	$2,300.00
Estaciones De Base Y Otros	$93.00
Subtotal Aproximado	**$4,325.00**

Costes iniciales aproximados de la colonización marciana.
Fuente: Mars-One.

Estos serían apenas los costes iniciales, sin embargo, para crear una colonia autosostenible en el futuro se necesita muchísimo material, millones de toneladas de carga necesaria para crear infraestructura adecuada que pueda albergar miles de personas.

La siguiente fase para definir los costes es contar con la reutilización de las naves espaciales, indispensable para poder abaratar los viajes interplanetarios y hacerlos sostenibles a largo plazo. Es en este campo donde SpaceX va adelante, con sus Starhip y *Super Heavy Booster* (Propulsor Súper Pesado) ya realizando pruebas de vuelo.

Marstronauts @marstronauts · Aug 9
My question is, what's your current estimate on the total cost of having a self-sustaining civilization on Mars?

♡ 2 ⟲ 11 ♡ 208 ⬆

Elon Musk ✓ @elonmusk · Aug 9
Between $100B and $10T

♡ 52 ⟲ 43 ♡ 766 ⬆

Alexandre J. Tourville @ajtourville · Aug 9
What about what you said about 1,000,000 tons of cargo to Mars for a self-sustaining city... real estimate, back-of-envelope calc or figure of speech?

♡ 1 ⟲ 8 ♡ 135 ⬆

Elon Musk ✓
@elonmusk

Replying to @ajtourville @marstronauts and @Erdayastronaut

Approx min payload to Mars to nearest order of magnitude, so at $100k/ton, cost would be $100B

7:13 PM · Aug 9, 2019 · Twitter for iPhone

Conversación Elon Musk sobre costes de la colonización marciana. Agosto 9-2019. Crédito: Inverse.com/ Twitter

Aunque los costes estimados por tonelada son de USD100.000, de acuerdo a información pública, suministrada por Elon Musk en Twitter el 9 de agosto de 2019.

> **El coste total estaría en un rango entre (basados en necesitar 1.000.000 de toneladas de carga para la**

> Mars City) USD100.000.000.000 cien mil millones de dólares y USD1.000.000.000.000 un millón de millones de dólares.
>
> Es decir que sería el proyecto más costoso jamás emprendido por la humanidad[50].

La pregunta es: ¿cómo se financiará todo ese dinero?, una parte será inversión estatal, en la eterna colaboración/competencia entre agencias espaciales (Nasa, ESA, Jaxa, Roscosmos, CNSA, etc), otra parte vendrá de fondos privados (SpaceX, Blue Origin, etc).

Sin embargo, continúa siendo demasiado dinero, entendiendo además las necesidades de los gobiernos acá en la Tierra (economía post Covid, calentamiento global, pobreza, etc).

Ahí la economía marciana jugará un papel clave.

Ya teniendo alguna idea de los costes de construir una colonia humana en Marte, tenemos que pasar a su sostenimiento. ¿De qué van a vivir los habitantes de Marte?, ¿Cómo se van a sostener si por alguna razón se

---

[50] *Integra (2017). "The Top 10 Most Expensive Construction Projects in the World". Integrapeople.com.*
https://www.integrapeople.com/news/2017/05/the-top-10-most-expensive-construction-projects-in-the-world/ 159

suspenden los viajes entre la Tierra y Marte? Deben sobrevivir.

Además, la Tierra no puede financiar permanentemente la colonia marciana. Se necesitan recursos propios, generados por sus habitantes para mantener sustentablemente la colonia. A partir de ahí, hay varias ideas sobre cómo podría funcionar la economía en el planeta rojo. Vamos a explorar las 4 principales:

15.2. Recursos Minerales Propios

Marte, a diferencia de la Tierra no ha estado habitado por alguna civilización que extraiga y explote sus recursos naturales.

De ahí que podamos asumir que va a haber muchísimos minerales bajo el suelo que los futuros habitantes de Marte van a poder utilizar[51]. Algunas de las diferentes misiones espaciales (ver capítulo 2 para más detalles):

- **MEP, Mars Exploration Program o Programa de Exploración de Marte.**
- **Mars Odyssey u Odisea Marciana.**

---

[51] *Moses, Robert, Bushnell, Dennis (2016). "Frontier In-Situ Resource Utilization for Enabling Sustained Human Presence on Mars". Langley Research Center. NASA.*

- ***MRO, Mars Reconnaissance Orbiter*** u Orbitador de Reconocimiento de Marte.
- ***Mars Express.***
- ***Mars Phoenix Lander.***
- ***Mars Eploration Rovers*** (Vehículos espaciales de Exploración Marciana), entre ellos el Curiosity y el Perseverance que llegó en febrero de este año al planeta rojo.

Todas estas misiones al planeta rojo nos han dado luz sobre los recursos que se encuentra en la superficie, el subsuelo y la atmósfera; aunque para estar cien por cien seguros, se necesitan misiones tripuladas que con el equipo adecuado puedan excavar.

Mientras tanto, sabemos que hay recursos muy valiosos para cumplir nuestro objetivo de vivir en Marte, entre ellos:

- **Agua:** El más importante de todos los recursos necesarios para albergar vida orgánica. Hay mucha agua en Marte, sobre todo en el polo Norte; la suficiente como para cubrir todo el planeta bajo un océano[52]. También hay agua en el regolito marciano

---

[52] *Moses, Robert, Bushnell, Dennis (2016). "Frontier In-Situ Resource Utilization for Enabling Sustained Human Presence on Mars". Langley Research Center. NASA.*

y en lagos de hielo. Con agua disponible, podemos sobrevivir en Marte.

Esta agua, por las bajas temperaturas marcianas está en forma de hielo, habrá que derretirla. La ventaja del agua es que también nos puede proporcionar hidrógeno y oxígeno.

Hielo en el cráter Korolev en Marte. Mars Express. Crédito: ESA/DLR/FU Berlín

- **Oxígeno:** Como ya veíamos, la atmósfera marciana está compuesta principalmente por CO2 (Dióxido de carbono), así que vamos a poder utilizarlo de ahí, así como del agua presente y del regolito también vamos a poder extraer oxígeno, que nos va a servir también como combustible para las naves espaciales.

- **Carbono:** También vamos a poder utilizar el CO2 de la atmósfera, del cual extraeremos carbono.

- **Gases Inertes:** La atmósfera marciana también provee gases como nitrógeno y argón.

- **Minerales:** Las diferentes observaciones han detectado: níquel, titanio, hierro, azufre, magnesio, calcio, fósforo, cloro, bromo, aluminio, sílice, sodio, manganeso, cromo y deuterio. Es muy posible que encontremos otros minerales accesibles cuando visitemos el planeta rojo.

- **Cerámica y vidrio:** Se ha encontrado en abundancia dióxido de Silicio (SiO2, que es el principal constituyente del vidrio, así que es posible, con los recursos encontrados hasta el momento construir una colonia marciana (es decir, no hay que transportar todo desde la Tierra)[53].

Con la tecnología de naves espaciales reutilizables, la colonia marciana puede enviar (vender) una parte de estos minerales, y otros que se encuentren en el subsuelo, a la Tierra con el fin de recibir productos necesarios para su sostenimiento. Abrir el comercio interplanetario podría mejorar las condiciones de vida tanto en Marte como en la Tierra.

---

[53] *Moses, Robert, Bushnell, Dennis (2016). "Frontier In-Situ Resource Utilization for Enabling Sustained Human Presence on Mars". Langley Research Center. Nasa.*

15.3. Cinturón de Asteroides

También se podrían importar a la Tierra valiosos recursos desde los asteroides.

Los Asteroides son cuerpos rocosos, pertenecientes a nuestro sistema solar, que orbitan el Sol. Normalmente son pequeños, el más grande se llama Vesta y tiene un diámetro de 530 kilómetros[54].

La mayoría de ellos se encuentran en el cinturón de asteroides, ubicado entre Marte y Júpiter, y se cree que son los restos de un planeta que nunca se formó[55], o son los restos de la creación del sistema solar[56].

Se estima que hay más de 150 millones de asteroides en nuestro sistema solar. En el camino de encontrar una economía sostenible en Marte, el cinturón de asteroides es una de las grandes oportunidades.

Existen 3 tipos de asteroides, de acuerdo a su composición[57]:

---

[54] *Nasa, ¿Qué es un asteroide? | Ciencia de la NASA, Ciencia.nasa.gov, ciencia.nasa.gov/que-es-un-asteroide*

[55] *Manzanares (2021). "El Cinturón de Asteroides". Manzanares.es. http://www.manzanares.es/v2/paseo-sistema-solar/cinturon-asteroides*

[56] *What Is an Asteroid? | NASA Space Place – NASA Science for Kids, Spaceplace.nasa.gov, spaceplace.nasa.gov/asteroid/*

[57] *AMC (2016). "Why Mining Asteroids?". Asteroid Mining Corporation. http://asteroidminingcorporation.co.uk/why-mine-asteroids*

Tipo C (Carbonáceos): Son un tipo de asteroide compuesto principalmente por depósitos minerales y podrían contener agua. Son la mayoría de asteroides en el sistema solar, aproximadamente 75% del total.

Tipo S (Silíceos): Contienen principalmente óxido de hierro, magnesio y silicatos. Podrían contener aminoácidos, los bloques de construcción de la vida. Los asteroides tipo S son aproximadamente el 17% del total de asteroides del sistema solar.

Tipo M (Metálicos): Principalmente compuestos por Níquel – hierro. También pueden contener metales como platino, oro y otros elementos raros muy valiosos en la Tierra. Son cuerpos monolíticos (de un solo cuerpo), que podrían contener elementos pesados en los bordes y que podrían ser de "fácil" extracción.

Hay varias empresas en la Tierra buscando explotar económicamente asteroides, sólo que es más económico hacerlo desde Marte; ¿por qué? Por la distancia, la facilidad de despegue, retorno que ofrece la atmósfera marciana, y por manejo y control.

Así que la explotación minera del cinturón de asteroides puede ser una gran fuente de recursos de la economía marciana a la hora de comerciar con la Tierra y obtener ingresos para eventualmente construir una colonia autosostenible.

Concepto artístico del asteroide 16 Psyche. Crédito: Maxar/ASU/P. Rubin/NASA/JPL-Caltech

Hay que tener en cuenta que, en la Tierra, después de miles años de explotación, ya hay muchos recursos escaseando, hay estudios que indican que en 60 años (con el nivel de explotación actual), muchos de nuestros minerales se terminarán.

Esta escasez producirá que su precio aumente y se reduzca la posibilidad de millones de personas de tener acceso a ellos. Ante esta realidad, se abre la posibilidad de construir infraestructura para ir al espacio a buscar nuevos recursos.

Por ejemplo, el asteroide 16 Phyche (ubicado en el cinturón de asteroides), es de composición metálica, mide cerca de 225 kilómetros de diámetro, y de acuerdo a las observaciones del telescopio espacial Hubble, está formado por hierro puro, aunque se estima que contendría enormes cantidades de metales preciosos como oro y platino[58].

¡Este asteroide tendría un valor comercial de 700 trillones de dólares! Es decir, 700 seguido de 18 ceros. Una barbaridad. El valor de este asteroide sería más del doble de toda la economía global. En este momento hay una misión de la NASA planeada para estudiar a Psyche, debería despegar en 2022 y llegar al asteroide en 2026.

Obtener nuevas fuentes de materiales ayudaría a crear nuevas economías y empleos, abaratar los productos y mejorar los ingresos del planeta.

Ya se han realizado 2 misiones exitosas para recoger material de asteroides y analizarlo en la Tierra.

1. **Hayabusa 2:** Esta exitosa misión de (Jaxa), la Agencia Espacial Japonesa tomó muestras del asteroide Ryugu en septiembre de 2018.

---

[58] *Matthew Williams, Asteroid Mining to Shape the Future of Our Wealth, Interestingengineering.com, interestingengineering.com/science/asteroid-mining-to-shape-the-future-of-our-wealth*

Asteroide Ryugu, fotografiado por la sonda Hayabusa 2. Crédito: Jaxa, Agencia Espacial Japonesa

Las muestras aterrizaron en Australia el 5 de diciembre de 2020.

2. **Osiris Rex:** Esta sonda de la Nasa logró llegar al asteroide Bennu en mayo de 2021. Los elementos recogidos por la sonda volverán a la Tierra en 2023.

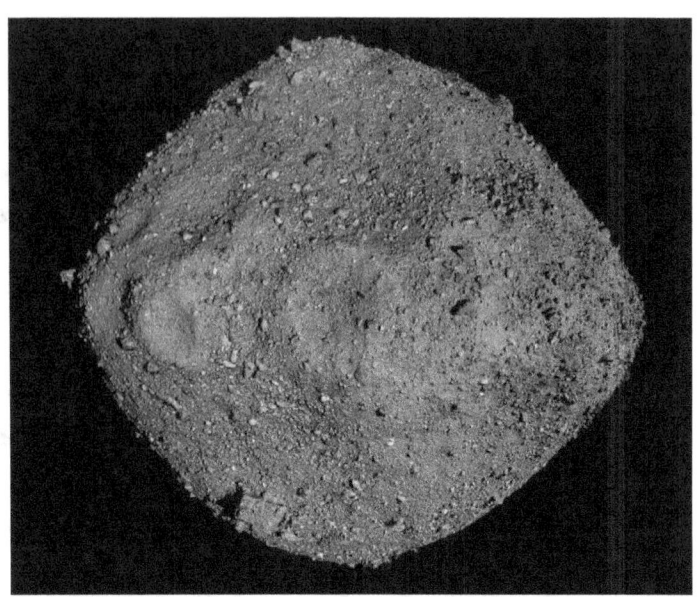

Asteroide Bennu, fotografiado por la sonde Osiris Rex durante 2 años. Crédito: NASA/Goddard/University of Arizona

Ceres es el objeto más grande del cinturón de asteroides. De acuerdo a las observaciones de la sonda Dawn de la Nasa, contiene los elementos esenciales para la vida: agua, amoníaco, carbonatos y sales en su superficie[59].

---

[59] *SINC (2017). "El Planeta Enano Ceres Alberga Compuestos Precursores de la Vida". Scientific American.*
https://www.scientificamerican.com/espanol/noticias/el-planeta-enano-ceres-alberga-compuestos-precursores-de-la-vida/

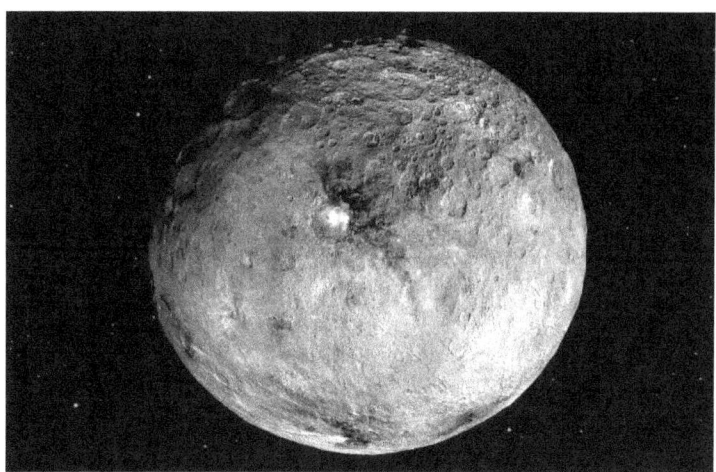

Ceres en imágenes en falso color, que destacan las diferencias en los materiales de la superficie, como los depósitos salados y brillantes en el cráter Occator. Crédito: Nasa/Jpl-Caltech/Ucla/Mps

Esto nos indica que, en el cinturón de asteroides, cerca de Marte hay una cantidad increíble de recursos y posibilidades que se pueden aprovechar para mejorar la calidad de vida de la colonia marciana y la de los habitantes de la Tierra.

15.4. Nuevos Inventos, Patentes y Tecnología

Los primeros colonizadores serán científicos, ingenieras, médicos, emprendedores y colonizadoras, que viajarán con el ánimo de progresar enfrentando retos inimaginables para la humanidad.

Estas personas y sus descendientes estarán en condiciones extremadamente duras durante muchos años. Estas condiciones son las ideales para explotar la creatividad y el desarrollo de nuevas tecnologías, patentes y productos que puedan exportarse a la Tierra.

Ha sucedido muchas veces a través de la historia. Grandes obstáculos y crisis han desencadenado increíbles descubrimientos y avances.

Condiciones difíciles sacan lo mejor de la creatividad y el ingenio humano. La tecnología espacial ha mejorado la calidad de vida en la Tierra, muchos productos que utilizamos en nuestro día a día han nacido de investigaciones en la Estación Espacial Internacional y en el espacio. Por ejemplo[60]:

- **Lentes anti rayones.**
- **Termómetros para los oídos.**
- **Calzado deportivo amortiguado.**
- **Aparatos de ortodoncia invisibles.**
- **Herramientas sin cables.**
- **Filtros de agua.**

[60] *Phillips (2020). "Diez Inventos del Espacio Exterior que Están Más Cerca de lo que Crees". Phillips.com.mx. Recuperado de https://www.phillips.com.mx/c-w/malegrooming/philips-space/space/diez-inventos-del-espacio-exterior-a-tu-alcance*

- **GPS** o navegación satelital.
- **Espuma con efecto de memoria.**
- **Detectores de humo.**
- **Ranuras de seguridad.**

16. Fases de la Colonización Marciana

De acuerdo con Robert Zubrin, presidente de *The Mars Society,* autor de numerosos libros y documentos sobre la importancia de colonizar Marte y uno de los principales defensores de su colonización, estas serían las fases de la colonización marciana[61]:

1. **Exploración:** Es el proceso en el que nos encontramos actualmente, lo hacemos con vehículos espaciales en el terreno, como los rovers Curiosity o Perseverance, desde el aire con el helicóptero Ingenio, con sondas espaciales orbitando Marte, o con telescopios espaciales y terrestres.

   Sin embargo, según Zubrin, cuando haya humanos en su superficie, se dará un salto gigante en el conocimiento que tenemos sobre el planeta rojo, necesitamos excavar profundo y buscar recursos, verificaremos en situ los mejores lugares para establecer una colonia humana permanente, algunos

---

[61] *Zubrin, Robert (2018). "Phases of Mars Colonization". The Economic Viability of Mars Colonization". P 2-3.*

de sus recursos nos servirán como propelente espacial, que será muy útil para reducir los costos de transporte de seres humanos y carga entre la Tierra y Marte.

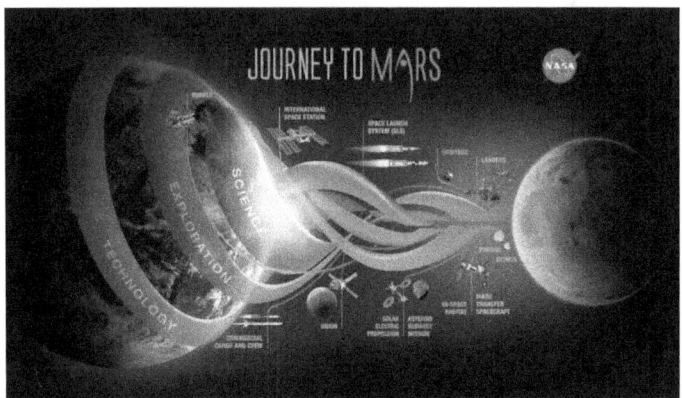

El camino a Marte. Crédito: Nasa

2. **Construcción de bases:** En esta segunda fase, se construye infraestructura para realizar investigaciones en producción y crecimiento de cultivos, industria, química e ingeniería civil. Es muy importante porque comenzaremos a aprovechar los recursos marcianos.

Necesitaremos producir comida, vestido, metales, vidrio, cerámica, cables, estructuras habitables, etc. Propone que esta etapa requerirá equipos cercanos a las 50 personas. Se parece a la primera etapa de Mars City, la ciudad de SpaceX que describimos en el capítulo 14.

Ilustración de un artista que muestra naves espaciales SpaceX en el puesto de avanzada del Planeta Rojo "Mars Base Alpha". Crédito: SpaceX

3. **Asentamiento:** Después de un tiempo de aprender y crear estructuras para sostener una población mediana, se puede pensar en un asentamiento humano o colonia. Acá comienza el proceso de transformación del planeta rojo para servir como hogar humano.

Es importante aclarar que desde la tierra se puede sostener una pequeña colonia, pero para que el proceso sea permanente, hay que buscar fuentes de exportación a la Tierra que permitan obtener recursos para financiar la ampliación de las instalaciones y servicios de la colonia.

4. **Terraformar Marte:** En la medida en que más seres humanos habiten Marte, querrán vivir al aire libre, en un planeta más adecuado para su bienestar y calidad de vida.

   Eventualmente van a querer terraformar Marte (transformarlo para que tenga condiciones ambientales similares a las de la Tierra). A través de años de estudio se han propuesto muchas alternativas para transformar a Marte en un lugar habitable (sin trajes especiales) para los seres humanos[62]

Terraformar Marte. Crédito: Teslarati

---

[62] *Zubrin, Robert (2018). "Phases of Mars Colonization". The Economic Viability of Mars Colonization". P 2-3.*

16.1. Propuestas para Terraformar Marte

- **Robert Zubrin:** (director de Mars Society), propone aumentar la temperatura de Marte produciendo potentes gases de efecto invernadero (halocarbonos) para ir poco a poco creando las condiciones adecuadas para que el hielo de los polos se derrita y que eventualmente las plantas puedan respirar el CO2 presente en la atmósfera de Marte, creando una "Ecosfera".

Robert Zubrin explicando la importancia de ir a Marte. Crédito: Mars Society.

Esta Ecosfera, a largo plazo debe ayudar a producir la cantidad suficiente de oxígeno que los seres humanos necesitamos para respirar, y de esa forma los colonizadores marcianos puedan eventualmente vivir al aire libre [63].

- **James Green:** (director de ciencia planetaria de la Nasa), propone crear un escudo magnético entre Marte y el sol, con el objetivo de proteger el planeta rojo de la radiación solar y así fortalecer su atmósfera.

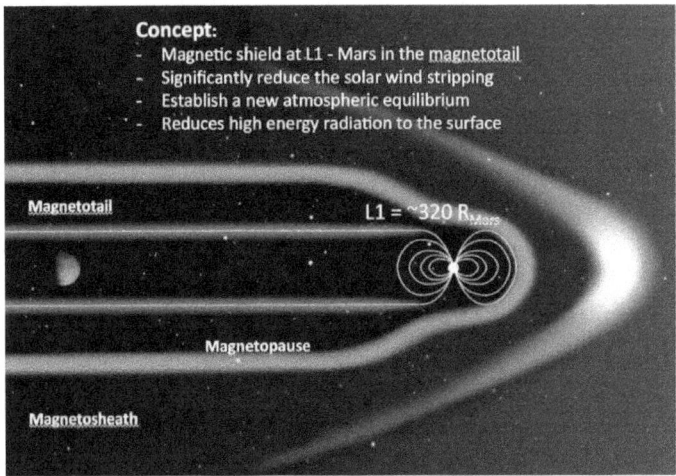

Escudo magnético, ubicado en el punto Lagrange 1, para proteger Marte de la radicación solar. Crédito: James Greene, Nasa.

---

[63] *Zubrin, Robert (2018). "Phases of Mars Colonization". The Economic Viability of Mars Colonization". P 2-3*

Esto haría que la presión atmosférica de Marte aumente lo suficiente para que mejore su habitabilidad. Este escudo estaría ubicado en el espacio exterior, cerca de Lagrange L1, donde se encuentra el telescopio espacial James Webb[64].

- **Elon Musk:** (dueño de SpaceX): Propone bombardear con armas nucleares los polos de Marte con el objetivo de evaporarlos parcialmente, liberando vapor de agua y dióxido de carbono que actuarían como gases de efecto invernadero, que calentarían el planeta y fortalecerían su atmósfera[65]

[64] *Green, James (2017). "How to Give Mars an Atmosphere, Maybe". Astrobiology at Nasa. https://astrobiology.nasa.gov/news/how-to-give-mars-an-atmosphere-maybe/*

[65] *Wall, Mike (2001). "NASA's Shuttle Program Cost $209 Billion - Was it Worth It?" SpaceNews. https://spacenews.com/nasas-shuttle-program-cost-209-billion-was-it-worth-it/*

Elon Musk imagina bombardear los polos de Marte para terraformar el plenatea rojo. Crédito: Metro.co.uk - REX/Getty Images.

Hay otras propuestas también muy ambiciosas, desde importar hidrógeno o amoníaco, hasta chocar un asteroide pequeño contra la atmósfera, etc.

Todas son apuestas muy riesgosas, y finalmente decisiones con las que los colonizadores de Marte se enfrentarán. Sin embargo, es un hecho que terraformar exitosamente Marte sería un gran paso para la supervivencia humana más allá del sistema solar.

Sin embargo, estudios recientes indican que con la tecnología actual no es posible terraformar Marte, ya que los recursos para llevar a cabo este proceso exitosamente son insuficientes[66].

Las opciones están abiertas y debemos hacer el camino completo para ir avanzando y solucionando los problemas que vayamos encontrando en la anhelada colonización marciana.

---

66 Jakosky, Bruce (2018). "Inventory of CO2 Available for Terraforming Mars". Nasa. https://www.nasa.gov/press-release/goddard/2018/mars-terraforming

17. Conclusiones y Cuestionamientos para los Lectores

La conclusión de este libro es que debemos colonizar para sobrevivir, aprovechar el conocimiento aprendido durante décadas de desarrollo espacial para conquistar otros planetas. Sin embargo, todavía hay más preguntas que respuestas, especialmente cuando nos referimos a cómo se van a comportar los colonizadores en esas colonias.

De la misma forma que se preparan para solucionar problemas técnicos, científicos y tecnológicos, debería ser mandatorio para los astronautas el estudio profundo de la historia de la humanidad, de las colonizaciones y las conquistas pasadas, la ética y la filosofía, para construir un mejor futuro interplanetario para nuestra especie. Se puede hacer mejor.

Cuestionamientos desde la ética humana:

¿Competiremos entre nosotros igual que competimos en la Tierra por recursos, en muchos casos hasta la muerte?

¿Estableceremos un sistema de castas como el que opera en la Tierra, basado en diferencias étnicas o económicas?

¿La colonización interplanetaria segregará a la mayoría de la población mundial ante una élite con tecnología superior capaz de visitar otros planetas?

¿Qué papel jugará la religión en Marte?

¿Podrán los acuerdos firmados entre gobiernos y empresas privadas intentar garantizar una paz duradera en Marte?

¿Cómo solucionaremos nuestras diferencias?; seguro que intentaremos el diálogo primero; pero, ¿lo lograremos?

¿Llevaremos o crearemos armas en Marte?

Cuestionamientos desde la ética ambiental:

¿Utilizaremos los recursos de Marte como los de la Tierra, para nuestro beneficio económico individual?

¿Explotaremos Marte con el objetivo de crear un sistema de comercio interplanetario y simplemente hacernos más ricos?

¿Qué pasa si encontramos vida, así sea bacteriana en Marte, que vamos a hacer?

Ante la segura extinción de la vida en el planeta Tierra: ¿Tiene sentido no buscar un nuevo hogar y convertirlo en un lugar apto para nuestra vida, terraformándolo?

¿Está la ética por encima de la supervivencia o viceversa?

Si le propusieran viajar a colonizar Marte, ¿cree que sería un buen ser humano en el planeta rojo? Para reflexionar.

Bibliografía

Dreier, Casey (2019). "Reconstructing the Cost of the One Giant Leap". The Planetary Society. https://www.planetary.org/articles/reconstructing-the-price-of-apollo

EGS Data sheet (2019). "Exploration Ground System. Nasa Facts". Recibido de Mónica J Witt. Nasa Head Quaters.

GeoEnciclopedia (2015). "Luna - Información y Características" Geoenciclopedia.com. www.geoenciclopedia.com/luna/

Green, James (2017). "How to Give Mars an Atmosphere, Maybe". Astrobiology at Nasa. https://astrobiology.nasa.gov/news/how-to-give-mars-an-atmosphere-maybe/

Greenwich (1993). "El Sistema Solar". Departamento de Servicios de Información del Royal Greenwich Observatory.

Guerrero Vélez D, (2021). "Por qué y Cómo Podemos Convertirnos en una Especie Interplanetaria", (Tesis de Máster, Universidad Internacional de Valencia). www.portaldeinvestigacionviu.com.

Hazards (2019). "5 Hazards of Human Spaceflight"- Nasa.gov. https://www.nasa.gov/hrp/5-hazards-of-human-spaceflight

HLS (2021). "As Artemis Moves Forward, NASA Picks SpaceX to Land Next Americans on Moon". Nasa.gov. https://www.nasa.gov/press-release/as-artemis-moves-forward-nasa-picks-spacex-to-land-next-americans-on-moon

Integra (2017). "The Top 10 Most Expensive Construction Projects in the World". Integrapeople.com. https://www.integrapeople.com/news/2017/05/the-top-10-most-expensive-construction-projects-in-the-world/159

Jakosky, Bruce (2018). "Inventory of CO2 Available for Terraforming Mars". Nasa. https://www.nasa.gov/press-release/goddard/2018/mars-terraforming

JFK Library. "Space Program". https://www.jfklibrary.org/learn/about-jfk/jfk-in-history/space-program

JPL/NASA (2018). "Mariner 4". JPL.Nasa. https://www.jpl.nasa.gov/missions/mariner-4

Khan, Amir (2021). "Upper mantle structure of Mars from InSight seismic data. Science". ETH Zurich. p. 434-438. http://www.insight.ethz.ch/en/home/

López, Juan (2019). "Hay al menos una razón por la que merece la pena volver a la Luna: recoger su abundante helio-3 y usarlo en la fusión nuclear", Xataka.com. https://www.xataka.com/investigacion/hay-al-razon-que-merece-pena-volver-a-luna-recoger-su-abundante-helio-3-usarlo-fusion-nuclear

LSII (2020). "Lunar Surface Innovation Initiative". Nasa.
https://www.nasa.gov/directorates/spacetech/Lunar_Surface_Innovation_Initiative

Marcos, Laura (2020). "El futuro de nuestro sistema solar". Muy interesante
España. https://www.muyinteresante.es/ciencia/articulo/el-futuro-del-sistema-solar

Martínez Juan, García Javier & López Fernando (1998). "¿De qué está hecha la
Luna?". El País.
https://elpais.com/diario/1998/01/14/sociedad/884732417_850215.html

Martínez, García & López (1998). "Materias primas de la Luna para emprender
la colonización espacial". Martínez Juan, García Javier & López Fernando
El País.
https://elpais.com/diario/1998/01/14/sociedad/884732416_850215.html

Manzanares (2021). "El Cinturón de Asteroides". Manzanares.es.
http://www.manzanares.es/v2/paseo-sistema-solar/cinturon-asteroides

Moses, Robert, Bushnell, Dennis (2016). "Frontier In-Situ Resource
Utilization for Enabling Sustained Human Presence on Mars". Langley
Research Center. Nasa.

NASA. "Commercial Crew Program – Essentials".
https://www.nasa.gov/content/commercial-crew-program-the-essentials#.VjOJ3berRaT

NASA first flight with crew (2018). "NASA's First Flight With Crew
Important Step on Long-term Return to the Moon, Missions to Mars".
Nasa.gov. https://www.nasa.gov/feature/nasa-s-first-flight-with-crew-important-step-on-long-term-return-to-the-moon-missions-to

NASA History Division (2021). "History – Sputnik", History.nasa.gov.
https://history.nasa.gov/sputnik.html

NASA´s LEPO (2020). "Lunar Exploration Program Overview". Nasa.
Recibido de Monica J.Witt. Nasa Head Quarters.

NASA Mars (2018). "Mars Exploration Program". Nasa Science.
https://mars.nasa.gov/#red_planet/1

NASA Moon to Mars (2018). "Around the Moon with NASA's First Launch
of SLS with Orion". Nasa.gov. https://www.nasa.gov/feature/around-the-moon-with-nasa-s-first-launch-of-sls-with-orion

Nasa´s Spacesuits (2017). "Nasa's Management and Development of
Spacesuits final report". Ofiice of Inspector General.
https://oig.nasa.gov/docs/IG-17-018.pdf

NASA Techonology Transfer (2021). "STMD: Technology Trasfer". Nasa.
https://www.nasa.gov/directorates/spacetech/techtransfer

NASA Solar System (2019). "Our Sun". Nasa Solar System Exploration.
https://solarsystem.nasa.gov/solar-system/sun/in-depth/

Nasa Space Place (2021). "A que distancia de la Tierra está la Luna?".
https://spaceplace.nasa.gov/moon-distance/sp/

Nasa Viper (2021). Viper Mission Overview.
https://www.nasa.gov/viper/overview

Netflix Mars (2016). "Mars". Netflix.com. Documental y serie de 2
temporadas sobre la colonización de Marte, con testimonios de personas
reales involucradas en la colonización de Marte y sus retos, incluyendo a
Elon Musk, Robert Zubrin, etc.

Nuno, Raquel (2021). "Lunar Geology". StarTalk con Neil DeGrasse Tyson.
https://www.youtube.com/watch?v=y0_JvaREOVQ

Ortiz Carbonell, Ada (2019). "Qué le pasará al Sol cuando muera?" El país.
https://elpais.com/elpais/2019/09/30/ciencia/1569831387_907062.html

Pengelly, Martin (2018). "Elon Musk considers move to Mars despite 'good
chance of death'". The Guardian.
https://www.theguardian.com/technology/2018/nov/25/elon-musk-
move-mars-chance-of-death

Perminov, V.G. (1999). "The Difficult Road to Mars". A Brief History of
Mars Exploration in the Soviet Union. A Joint Publication of the Nasa
History Division Office of Policy and Plans and Office of Space Science.
p.19

Phillips (2020). "Diez Inventos del Espacio Exterior que Están Más Cerca de
lo que Crees". Phillips.com.mx. https://www.philips.com.mx/c-
w/malegrooming/philips-space/space/diez-inventos-del-espacio-exterior-
a-tu-alcance

Puerta, Germán (2003). "Marte, al Encuentro del Planeta Rojo". Editorial
Planeta.

Scott, Anderson Paul (2019). "What's the Source of the Ice at the Moon's
South Pole?". EarthSky.org. https://earthsky.org/space/different-sources-
ice-moons-south-pole/

Sharp, Tim (2017). "What is Mars Made Of? | Composition of Planet Mars".
Space.com. Recuperado de https://www.space.com/16895-what-is-mars-
made-of.html

SINC (2017). "El Planeta Enano Ceres Alberga Compuestos Precursores de la
Vida". Scientific American.
https://www.scientificamerican.com/espanol/noticias/el-planeta-enano-
ceres-alberga-compuestos-precursores-de-la-vida/

Soca, Ricardo (2007). "Luna". El castellano.org.
https://www.elcastellano.org/palabra/luna

Sservi-Nasa. "Water Discovered in Apollo Moon Rocks Likely Came from
Comets". Solar System Exploration Research – Nasa.

https://sservi.nasa.gov/articles/water-discovered-in-apollo-moon-rocks-likely-came-from-comets/

Stähler, Simon (2021). "Seismic detection of the Martian core. Science". ETH Zurich. p. 443-448. doi:10.1126/science. abi7730. http://www.insight.ethz.ch/en/home/

Tiele Westra, Mark (2007). "Fusión en el universo: La energía del Sol". Science in School. https://www.scienceinschool.org/es/2006/issue3/fusion

Wall, Mike (2018). "Looks Like Elon Musk is Serious About Nuking Mars". Space.com. https://www.space.com/elon-musk-serious-nuke-mars-terraforming.html

Web.archive.org. "Biography of Wernher Von Braun"- https://web.archive.org/web/20130922093720/http://history.msfc.nasa.gov/vonbraun/bio.html

Velasco, Elsa (2019). ""Es un pequeño paso para el hombre; un gran salto para la humanidad". La Vanguardia. https://www.lavanguardia.com/ciencia/fisica-espacio/20190720/463578398620/llegada-hombre-luna-aterrizaje-armstrong-20-julio.html

Wall, Mike (2001). "NASA's Shuttle Program Cost $209 Billion - Was it Worth It?" SpaceNews. https://spacenews.com/nasas-shuttle-program-cost-209-billion-was-it-worth-it/

Zaloga, Steve & Calow, Robert (2003). V-2 ballistic missile 1942-52. Early German rocket development, p. 3.

Zubrin, Robert (2018). "Phases of Mars Colonization". The Economic Viability of Mars Colonization". P 2-3.

"Si la especie humana espera sobrevivir otro millón de años, tendremos que ir audazmente a donde nadie ha ido antes".

-Stephen Hawking

El 1 de agosto de 2022, el secretario general de las Naciones Unidas Antonio Guterres, durante una conferencia con los países miembros del Tratado de No Proliferación Nuclear (TNP), declaraba: "El mundo está a un error de cálculo de la aniquilación nuclear, hasta ahora hemos tenido una suerte extraordinaria".

La vida en el planeta Tierra está en riesgo, siempre lo ha estado, a las 5 extinciones masivas anteriores ahora se suman el cambio climático y el riesgo nuclear. La humanidad necesita tener un plan de respaldo, ese plan consiste en convertirnos en una especie interplanetaria: estamos en el amanecer de la colonización del espacio.

La colonización espacial comienza por la Luna, es el primer paso natural, no solo por ser el cuerpo celeste más cercano a nuestro planeta, sino también porque allí podemos probar, con menos riesgos y costos, toda nuestra tecnología para eventualmente visitar y colonizar Marte, el futuro hogar de la humanidad.

Este libro contiene 2 partes, la primera trata sobre la inminente colonización de la Luna, donde analizaremos en detalle las razones, objetivos y componentes tecnológicos, científicos y económicos del programa espacial Artemisa de la Nasa, que es la piedra angular del proyecto más costoso y ambicioso jamás emprendido por los seres humanos.

La segunda parte está centrada en la colonización de Marte, lo que hemos aprendido sobre el planeta rojo con las principales misiones robóticas existentes, y el desarrollo detallado de los planes de SpaceX y Elon Musk, quienes están a la vanguardia tecnológica y económica de este inmenso proyecto, con la ventaja de que además, tienen un objetivo claro: crear la primera ciudad marciana para 2050.

DAVID MAURICIO GUERRERO VÉLEZ

Autor de la colección de libros **Sm@rt: Los Más Recientes e Importantes Descubrimientos Científicos**. Es economista, divulgador científico, Máster en Comunicación de la Ciencia y la Tecnología, fotógrafo aficionado y apasionado de la historia.

Su principal objetivo es generar interés por los avances científicos, transmitir conocimientos e inspirar a niños, jóvenes y adultos.

Instagram: @david_phototravel

WWW.**LIBROSMART**.CO

Instagram: @librosmart **Facebook**: @librosmart